向時尚品牌學風格行銷
STYLE MARKETING

風格　決定你是誰

不出賣靈魂的 27 堂品牌行銷課

向時尚品牌學風格行銷
STYLE MARKETING

風格　決定你是誰
不出賣靈魂的 27 堂品牌行銷課

吳世家 CHIA WU──

著

目錄

Contents

承諾並努力實踐，讓世界更美好

臺灣萊雅集團總裁｜陳敏慧

　　我認識Chia（吳世家）已經許多年，我們在臺灣的美妝產業相識，她是一位非常有經驗的品牌溝通專家。之後，她從臺灣到香港中文大學任教，除了品牌行銷之外，也深入企業永續的領域。

　　再次與Chia搭上線，是她帶著香港中文大學與政大的學生來到臺灣萊雅做企業參訪，主題就是討論企業永續計畫。

　　我很開心Chia出了這本書，把她的品牌經驗濃縮成這本時尚寶典，讓更多對品牌、對時尚、對行銷有興趣的人，都能透過這本書提升自己的能力。

　　這本書的架構非常完整，Chia把她豐富的知識與經驗都記錄下來，值得用心細細品讀與消化，才能真正學到精髓。Chia在講述理論的同時，也結合許多實際案例，透過對時尚產業的高掌握度，讓讀者彷彿進入到時尚產業的歷史洪流中，探索並發現這

些經典品牌是如何養成「風格」。

身為臺灣第一大美妝集團，我們知道要把品牌經營出獨一無二的風格是一段很辛苦的旅程，而這些風格更要能與時俱進，如同Chia提到「數位浪潮下的品牌經營」以及「時尚產業與永續議題的連結」，都是身為品牌主應該要發現並跟上的趨勢，很慶幸我們公司早在幾年前就開始著手數位品牌經營以及對地球與社會的永續承諾。

無論你是對時尚有興趣，或是你就在時尚／美妝產業，抑或是你是就讀時尚相關科系的學生，我非常推薦你好好品讀這本書，你會從豐富的案例與時尚歷史中得到很多啟發。

疫情的影響，為各行各業帶來新思維與新的工作方式，如果時尚業希望能重新擁抱實體的時尚runway，我們需要的是一個健康的地球！

在此，我誠盼，無論任何產業，永續是每家企業、每個品牌都必須投入的議題，讓我們一起做出承諾並努力實踐，讓世界更美好！

從時尚風格行銷到永續發展

輔仁大學織品服裝學院院長｜蔡淑梨

於輔大織品服裝學院任教期間，我結識作者吳世家。多年下來見識到她除了在Chanel公司服務時，受到完整的淬鍊，有機會走訪全球時尚之都外，在Chanel之前，她也在消費品牌及其他不同通路賣場歷練過，這些跨領域的經驗讓她對不同類型品牌的操作及風格差異瞭若指掌。不過她並不安於現狀，仍不斷鞭策自己，工作期間還取得博士學位，後轉任香港中文大學任教，帶給學生最佳的實務品牌溝通技巧及管理經驗。

除了實務經驗豐富外，世家能言善道、文采斐然，多年在香港工作的機會，讓她能面對臺灣以外的學生及市場，使她對時尚產業的厚度及視野更上一層樓。如何深入淺出，從引導學生入門，到面對專家、在職EMBA專班，她都遊刃有餘。因為和兩岸三地的業界實務保持近距離接觸，即使在香港這幾年也以協同計畫主持人身分，參與臺北時裝週的企劃及執行。

這樣獨特的工作歷練讓世家以「風格行銷」為主軸，將最新的品牌策略及創新的行銷作法，透過她善於敘事的能力，編寫成本書的骨幹。從品牌和風格之間的對話與辯證開始，多元時尚的跨界創意、品牌定位及風格意識，輔以各種經典案例，加上畫龍

點睛的精彩圖像，都能對有「風格」的產品、通路、空間及行銷活動產生深刻的印象。

過去一百多年全球經濟快速成長，時尚產品有男女服裝、皮箱、皮包、飾品等，因應市場上某些顧客的需要，不斷要有吸睛、引人讚嘆的創意、創新產生。為了尋求風格差異，時尚品牌在全球展開一場永無止境的競爭，過程中各品牌因其組織、領導人、設計師的異動而難免有所起伏，但存續下來的品牌也必須思考，時尚產業每年不斷求新求變之外，還有為品牌創造什麼新的意義，要具備什麼要素才能持續為品牌帶來新世代的忠實顧客。

過去時尚產業會由上、中、下游及媒體共同操作流行，然而科技的快速創新，傳播及社群媒體的影響，市場是越來越分眾。快時尚、溢價中庸（premium mediocre）、新零售、五感行銷都不一定能動搖頂尖品牌。品牌集團透過併購的操作及綜效，讓奢華精品的價格扶搖直上，創造「價值」的空間或許還有各種契機，然而每個品牌最根本的還是其歷史及自己的DNA。二十一世紀「可持續發展」和「企業社會責任」是每個企業必須面對的，時尚產業更首當其衝，故反思品牌的核心價值是否能與時俱進，及品牌對社會、環境的關係與影響，是時尚產業當今最重要的課題。

從本書提供的官網、展覽、組織、平臺可以看出取材的廣度，以及世家對此一「產業生態系」成員的精準掌握。而在羅列的文獻資料中，也都有時間上的即時性，不愧是時尚第一線的參與者及敘事者。

風格無法複製，只有自我探索

著有《湖濱散記》的美國作家、詩人梭羅曾這樣描述時尚：「每個世代都嘲笑舊時尚，但虔誠地跟隨新流行。」這句話一語道破時尚的短暫性與可被取代性。解放二十世紀女性的香奈兒女士早就看透這點，所以強調：「為了不被取代，必須永遠與眾不同。」所謂「不同」，就是擁有風格，這呼應了改變女性生活的聖羅蘭先生所述：「時尚褪色，風格永恆。」曾擔任法國奢華品牌Lanvin（浪凡）設計總監的Alber Elbaz 更赤裸地表示：「風格是您唯一無法買到的東西，它不在購物袋、標籤或價格標示中，它是我們靈魂向外界投射的一種情感。」

回想當初，我在面試Chanel（香奈兒）公司工作時，外國老闆問了一個重要且尖銳的問題：「你能夠融入時尚產業所要求的品牌風格中嗎？」正是這句話，開啟了我的風格時尚旅程。《韋伯字典》（*Merriam-Webster*）對「風格」的定義是：「一種獨特的表達方式；一種特殊的生活方式；某一人、事、物的獨特品質、形式或類型。」所以，風格應是由內而外，從內隱的人格形諸於外顯的風格。風格不局限於時尚，風格在生活中、在工作中，是個人及各行各業得以留給他人的感受與記憶。風格的養成沒有捷徑，

只有長期探索、累積與實踐。在Chanel工作時，經常見到時尚大帝卡爾‧拉格斐（Karl Lagerfeld），戴著墨鏡、紮成小馬尾的白髮、高挺的白色立領襯衫，他揶揄自己的裝扮像個漫畫人物，外人形容他有著德國男爵般的風采。有一次好奇問他為何總是戴著露指皮手套呢？答案竟是「用來掩飾粗短手指」，卻意外成為他的招牌特色。卡爾最吸引人的是他精通德、法、英、義大利語、聰明、反應快、幽默又有幾分脫線，鮮明風格焉然而生。（編註：卡爾‧拉格斐相關延伸書參考積木文化出版《Karl Lagerfeld卡爾拉格斐》，2019。）

除了硬底子，時尚產業的軟實力影響無遠弗屆，諸如英倫風、法式風情、義式風格、美式休閒風……大家琅琅上口，但這些名稱是怎麼來的呢？從時尚品牌切入本書的主題「風格行銷」（style marketing）或許可以看出一些端倪。本書內容源自於我個人的工作經歷、閱讀與體驗，以具體的時尚產業為載體，一步一步揭開品牌創辦人、文化和基因如何指導各種行銷、傳播策略及敘事（story-telling），時尚產業之所以吸引人們，在於其充滿美與創意，經過時間的洗禮，醞釀成你我現在所看到的「風格」。

這是一本述說時尚故事的書，也是風格行銷入門參考書，內容穿插時尚產業實務與學術理論，解析案例與策略，是我在全球時尚龍頭Chanel公司淬鍊過的品牌管理者想分享給讀者的內容，也是我在世界百大學府香港中文大學（CUHK）沉澱後的研究者想分享給讀者的觀察。由源頭闡述時尚演進，從百年時尚巨人身上洞悉品牌跨時代、跨市場的策略與行動，透過行銷、傳播、時尚等

理論，解析帶著神祕色彩的時尚產業與其潛藏邏輯和細膩經營，以及時尚產業如何在永續發展與社會、環境價值上做決策。

風格無法複製，只有自我探索。書中除了借鏡歐美國際企業，也納入亞洲品牌與人物，分享全球在地觀點，也是寫這本書的心願之一。在講求原創、真實（authenticity）的數位時代中，品牌不可能僅靠著logo、網紅吹捧或重複同樣設計及行銷而存活，獨特的定位、持續創新與深刻的品牌體驗，才能風格長存，臺灣堅持初心的綠色品牌歐萊德（O'right）、賈伯斯創立的蘋果公司皆為實例。希望時尚業的風格故事，能啟發對品牌文化與內涵的思考，擺脫價格與工具性的推廣思維，以堅持真我的精神，不忘初衷且與時俱進，為產品、組織、企業創造更高的價值。

撰寫本書的想法已有多年，意外落實在不斷檢疫、隔離生活的2020年，敲鍵盤的日子像人生倒帶，臺北、巴黎、香港、上海、東京……時裝秀、展覽、記者會、全球會議、企劃預算，歷歷在目。書中訪問了時尚業的核心人士與設計師，納入許多學者的研究與理論，精選各個章節的名人名句，以及融合作者的第一手經驗。

本書分為四大章，第一章聚焦於品牌的風格哪裡來？談到時尚穿越時空的脈絡與影響，跟著時尚產業找靈感，擺脫潮流追逐，開啟品牌之路。包括〈時尚品牌傳承什麼？〉、〈品牌的面子與裡子：品牌之家與博物館〉、〈借力使力，時裝週的品牌效益〉、〈由商業框架進入時尚思維〉、〈彰顯品牌核心價值的企業社會責任〉。第二章談到時尚品牌絕不妥協的定位，品牌意識決定一切，專注價值的品牌策略，360度打造品牌風格。包括〈三角定位決定

時尚品牌樣貌〉、〈超越想像：高級訂製的象徵與魔力〉、〈經典不敗的鎮店之寶〉、〈奢華品牌的金字塔延伸策略〉、〈奢華品牌銀河系的水平拓展策略〉、〈增值的輕奢時尚〉、〈體驗當道，行銷五感：品牌延伸下的居家、旅行、食尚　超越產品的體驗〉。第三章進入與時俱進的多元時尚敘事，混合熱潮、潮流與經典的時尚創意，與時尚攻防祕笈。包括〈化身品牌大使的時尚策展〉、〈時裝大秀的宣言〉、〈明星、名人與時尚名牌之愛恨情仇〉、〈燃燒中的網紅、時尚意見領袖之口碑效應〉、〈隱藏於影像中的時尚身影與記憶〉、〈玩不膩的爆點，1+1大於2之跨界聯名〉、〈數位A到Z引領時尚新體驗〉、〈時尚媒體的助燃角色〉、〈時尚品牌危機管理與溝通必修課〉。最後一章關注用風格說話的時尚通路，要具備內外皆美特質，讓顧客五感體驗再升級。包括〈洞悉時尚消費的關鍵時刻〉、〈從時裝銷售顧問到造型專家〉、〈無聲的銷售員：製造打卡新據點〉、〈蛻變中的商場五感購物〉、〈限時概念店，時尚瞬間語彙與銷售〉。〈後記〉是思索時尚產業的下一步，探討時裝業的永續發展不只是基本配備，更是凸顯風格的良機。

　　怎麼讀這本書呢？開頭的名人名句有畫龍點睛之效，可輕鬆瀏覽，當作開胃小品。正文中有理論、框架或具體作法，供各行業人士參考及思考，許多如同故事般的實際案例都隱藏著品牌營運的邏輯，穿插在書中的「info box」，以及書末的「線上資源」和「延伸閱讀」提供讀者進一步探索相關主題。希望你會喜歡這個安排，一起找到屬於自己的風格！Let's get started！

吳世家 CHIA WU
寫於香港沙田

Chapter I

Basics of Style

風格哪裡來？

師法時尚品牌，開啟品牌之路

1 時尚品牌傳承什麼？

建立聲譽需要二十年，破壞聲譽僅需五分鐘。如果考慮
到這一點，您將會採取不同的作為。

美國投資家 | Warren Buffett

　　為什麼要成立品牌？品牌的意義在哪裡？品牌能為企業帶來什麼？在行銷文獻中，這些問題都已經有豐富的實證與理論，說明品牌的重要性。品牌不僅是一個名字或是logo，品牌有其內涵、個性、理念與願景。時尚品牌看似風花雪月，實質上所有的商業元素一樣不少，早已融入人們生活的各個角落。時尚品牌是以人、創意、工藝……看得見、看不見的軟實力、硬底子為出發點，隨著時間成長，創造「有感」、激發「渴望」是時尚品牌最拿手的。Chanel（香奈兒）公司在2008年所提出的願景是：「極致奢華，定義風格並創造渴望，從現在直到永遠。」這段文來自香奈兒女士的態度與哲學，為該企業在品牌經營、商業決策、產品開發、行銷傳播、員工行為等各個面向的準則，形成一種Chanel文化，且代代相傳，對品牌區隔、差異化極為有益[*1]。

　　在這麼多的時尚或精品品牌中，每個品牌由於創辦人理念、工藝、誕生地、國別、企業經營、定位、科技應用而各有特色。經

---

*1 *Chapter 5：Developing a Global Vision.*（2013）. Retrieved 28 June 2020, from http：//cocochanel05. blogspot.com/2013/03/chapter-5developing-global-vision.html

由產品開發，包括不同系列與延伸產品，例如經典商品、季節節商品；行銷傳播策略，例如顧客體驗、名人背書、贊助活動、網路及消費者評價；通路選擇，包括旗艦店、概念店、授權經銷或電子商務等方式，甚至如何面對爭議、處理社會議題等，正面、負面的點點滴滴，都會累積品牌的個性與特色，顧客經由各個接觸點，逐漸形成對品牌的聯想與連結，日積月累下來，成為顧客心中對該品牌的認識，即品牌知識（brand knowledge）。

旗艦店（flagship store） i

旗艦店是指一家商店包含①單一品牌的產品；②為該品牌的製造商所擁有；③由品牌自行或部分經營，目的是強化品牌而不僅是銷售產品以獲取利潤。若只有前兩項特徵的，則稱為「品牌店」（brand store）*2。

概念店（concept store）

某一概念主題下，商店精心挑選符合主題的獨特產品進行販售。概念店鼓勵探索與體驗，將產品以新穎有趣的方式進行陳列與說故事，通常會吸引某一特定族群光顧。

義大利珠寶品牌BVLGARI（寶格麗）全球CEO Jean Christophe Babin曾說：「我們擁有義大利的DNA，我們就是設計，非常了解設計，羅馬是我們每天的靈感來源，創作的動力。」*3 充分點明品牌的特殊屬性，也是品牌差異化的開始。BVLGARI藉由名人策略，邀請

---

*2 Dolbec, Pierre-Yann, & Chebat, Jean-Charles.（2013）. *The Impact of a Flagship vs. a Brand Store on Brand Attitude, Brand Attachment and Brand Equity.* Journal of Retailing, 89（4）, 460~466.
*3《華麗志》專訪Jean-Christophe Babin〈跨越134年歷史去擁抱創新〉（2018）BeautiMode創意生活風格網：Retrieved 28 June 2020, https：//www.beautimode.com/article/content/85389/

法國前第一夫人Carla Bruni擔任品牌全球代言人，亞洲以舒淇作為商品代言人，進攻不同市場，將辨識度極高的蛇頭造型珠寶、手提包、B. Zerol項鍊、戒指等在全球傳播。經由名人背書，除擴大聲量也強化品牌DNA，包括BVLGARI的義大利純正設計血統及其大膽與獨特風格，是極大化品牌DNA與知識傳承的一例。

要讓消費者不忘品牌DNA，才能造就強勢品牌

　　品牌面對競爭、消費者需求，首先需禁得起跨時空、跨地域、跨文化的挑戰，其次要贏得消費者的心。美國行銷學者Kevin Keller於1993年提出以顧客為中心的品牌權益（Customer-Based Brand Equity）包含三個因素：差異化效果、品牌知識、消費者對行銷活動的回應[4]。回顧Hermès（愛馬仕）歷史，創辦人蒂埃里‧愛馬仕（Thierry Hermès）於1837年在巴黎開設第一家馬鞍彎具工廠，由於馬車是當時的主要交通工具，馬車、馬鞍及周邊用品市場需求旺盛，上流社會人士和王公貴族都是他的顧客。為了讓馬匹能配戴貼頸的項圈，愛馬仕先生花費大量時間製作彎具，掌握馬匹力量，精研旅行與戶外運動。馬術運動與休閒活動成為Hermès不可或缺的元素，這項連結也深植於顧客心中。為了呈現品牌元素，Hermès從2010年開始連續十年在法國巴黎大皇宮舉行國際CSI五星等級馬術障礙賽（Saut Hermès），在巴黎核心地點重現、發展馬術競賽的光榮傳統。馬術賽事第一天不對外開放，免費招待國際馬術聯合會（Fédération Équestre Internationale, FEI）會員參觀，接著開放給購票的民眾，照顧各類「利益關係者」。

---

[4] *Conceptualizing, Measuring, and Managing Customer-Based Brand Equity Author*（s）：Kevin Lane Keller . Journal of Marketing, Vol. 57, No. 1 （Jan., 1993），pp. 1~22.

　　Hermès透過贊助馬術運動，持續地讓消費者及顧客知曉、理解、記憶該品牌與專業馬具、皮革、運動的關係。連結點越多，在腦海中串連起的網路結構越強，消費者對品牌的知識也越多，有助於品牌意識的累積。馬術是歷史悠久的一項傳統運動，呈現了高雅與品味，又被稱為「王者的運動」。由於Hermès經營馬術推廣活動多年，獨特的品牌經驗成就了Hermès與其他牌的差異，異化所帶來的顧客正面期待就是品牌所期望的，包括心理連結的深度與行為忠誠的廣度，最好的結果就是顧客對品牌產生依附與熱情，例如從Hermès入門絲巾買到要排隊等候的柏金包（Birkin），最終，顧客就是品牌最佳的親善大使或業務員。

品牌書呈現品牌故事，有力量的故事加深品牌資產

　　品牌知識的保存、品牌發展軌跡的紀錄向來受到國際時尚精品品牌的重視，對品牌資產的保留從不停歇。出書不是新鮮事，但「書籍」向來是表達自我（品牌精神與定位）以及記錄與保存歷史（品牌故事與資產）的重要方法之一。特別是將品牌歷史作為重要特徵來定義之品牌，它的歷史紀錄、壽命、核心價值、符號使用就是品牌欲獻給顧客的價值。Yves Saint Laurent（聖羅蘭，YSL）、Louis Vuitton（路易威登，LV）、Gucci（古馳）等，都出版或有作者撰寫與該品牌相關的書籍，形式多元，有的以圖片為重點敘述每個階段的演變、有的以攝影專輯作為闡述故事的方式、有的從品牌發展的編年史著手。例如《Dior Couture》是一本結合Dior（迪奧）高級訂製服與攝影作品的品牌書，美國當代波普藝術家Jeff Koons在該書序言中提到，這是兩種藝術的完美結合，展現了視覺與哲學兩造。品牌書一方面呈現過往的作品、活動、創辦人的語錄或訪談；另一方面，品牌書的上市，又為品牌累積了下一節篇章，成為對利益關係人（顧客、媒體、意見領袖）的溝通題材。（編註：品牌書延伸參考積木文化出版《LOUIS VUITTON路易威登都會包》，2015。）

　　2015年，華人設計師品牌Shiatzy Chen（夏姿·陳）出版品牌書《Shiatzy Chen》，296頁的品牌故事以中英文雙語介紹、穿插中國古典水墨書法、山水花鳥畫、剪紙藝術、少數民族圖騰、玉石、牡丹與四君子等，加上各季的精彩服裝照片而成，由國際知名出版社Assouline（該出版社曾經為Chanel出版皮革書套）首度為華人

精品品牌所出版的時尚書籍。為分享醞釀多時的品牌書，Shiatzy Chen在臺北中山旗艦店同步設置一個半月的「靜態回顧展」，透過服裝、畫作、瓷器、古董陳列等，引領入門新客與粉絲進入品牌世界，體驗東方傳統工藝與西式剪裁的時尚美學，以及書中所言「美感的養成應落實於生活態度」的精神。

3D展覽引領觀眾進入品牌世界

　　類似於「靜態回顧展」的以展敘事，在對話當道、體驗為先的現代蔚為風潮，Prada（普拉達）、Hermès等品牌也曾以經典與代表性元素、品牌歷史，搭配建築、設計或美學進行世界巡迴展覽，目的要讓大眾不僅只關注品牌的外在表象，更期望引領觀眾進入品牌DNA的核心與精髓。以製作行李箱起家的LV，曾在2017~2019年啟動「時空‧錦‧囊」（Time Capsule）全球巡迴展覽，展出自1854年以來的各式經典行李箱、包括鄧麗君在內的國內外明星提著LV包袋的照片、近代的各種特殊聯名款，並採用數位影像述說百年歷史。藉著非營利導向、較低商業色彩的展覽吸引觀眾，透過顧客的社群分享擴散品牌影響力，最終強化Kevin Keller所提出的品牌權益，即顧客與品牌的緊密關係。

　　無論是品牌書、影像、策展、贊助活動等，都是時尚品牌傳遞故事的方式，歷史悠久的品牌多有強大的品牌DNA，隱含著創辦人的堅持與價值，不論時代的更迭、產品的演變，核心價值始終如一。究竟，時尚品牌要傳承什麼？是主張、是好感、是認同，是在人們腦海中的記憶與價值。

Panerai

義大利鐘錶品牌Panerai（沛納海）於1860年在文藝復興運動的發源地——佛羅倫斯誕生，二十世紀初期，Panerai就是當時義大利皇家海軍高精密儀器的獨家供應商，以及為海軍設計一個應付高危險環境的腕錶系列。在這個歷史背景淵源下，大海代表著Panerai的特色及發源地。1993年，靈感取材於二戰所創作的軍用腕錶，Panerai首度針對一般大眾推出三款限量版系列錶款，甫上市，立即被藏家爭相收購。2007年，Panerai買下殘破不堪、由充滿傳奇色彩的William Fife船廠所建造的1936年百慕大雙桅船Eilean，之後進行長達三年的重建修復。根據1937年的評估，Eilean只能在海上航行十八年至1955年。然而2009年，Eilean重返大海，每年至少將出海航行6至7個月，從春到秋，代表Panerai參加由其贊助的「古典帆船比賽」（Panerai Classic Yachts Challenge），這真是一項奇蹟！從品牌聯想的角度看，船之於海是再簡單明白不過的關係，而首款Panerai腕錶的原型設計源於1936年，恰好又與Eilean號誕生於同一年，這些點點滴滴，都成為品牌對消費者溝通的故事。

此外，為了彰顯古典帆船Eilean的特色（幾乎完全以木材製成的船隻，通過船帆或發動機前進，並且需要數十年以上的歷史），在船賽與船賽之間，Eilean號便成為融合各種文化的載體。Panerai品牌歡迎希望登上一艘古典帆船、企圖了解航海藝術卻從未獲得類似機會的人們，可以藉由親身體驗，了解古典帆船與現代帆船截然不同之處。對此獨特體驗機會，Panerai不收取任何費用，也沒有年齡限制，Eilean號成為一艘教學船，在實踐中教授古老的航海技術、了解航海的入門知識和過去小型帆船出海的工作方式。這真是非常吸引人的品牌活動，也是品牌最佳的宣傳。

因著Panerai有扎實的品牌知識與獨特的航海文化作為後盾，無怪乎，許多男性消費者愛上這個充滿技術與藝術的義大利品牌。品牌要長久發展，槓桿操作相關的、輔助的品牌聯想絕對少不了，耕耘消費者對品牌的連結，獲得顧客正向的反饋，是品牌行銷人的職責。

2 品牌的面子與裡子：品牌之家與博物館

品牌是一種認知，隨著時間的流逝，這份認知將逐漸趨同於現實。

Tesla（特斯拉）執行長 | Elon Musk

各類型國際品牌對於累積品牌資產與價值不遺餘力，Coca Cola（可口可樂）、Mercedes-Benz（賓士）、BMW（寶馬）等都設有自己的博物館，企業機構成立的博物館在品牌行銷與宣傳上一直扮演重要的角色，包括了品牌的形象、教育，還有研究、休閒等功能。而時尚精品自2000年以來也有系統地建置品牌博物館、圖書館或珍藏品展間，並將自家藏品不定期對外展出，例如：Gucci、Armani（亞曼尼）、Salvatore Ferragamo（薩瓦托·菲拉格慕）、Hermès、Levi Strauss Jeans（李維史特勞斯）等品牌都已設置博物館，保存品牌每一季的發展軌跡；Chanel、Dior雖沒有博物館，但創辦人之家或寓所，就是品牌最重要的資產，保存著品牌成長的脈絡與創辦人、繼承者之間的情感連結，是品牌的起點，也是續寫故事的靈感泉源。

《Rainbow Future》（2018），Salvatore Ferragamo，Salvatore Ferragamo博物館二號展廳內作品。（圖片提供：Salvatore Ferragamo）

品牌的記憶是連結著品牌業務的過去、現在與未來，即「資產品牌化」（Heritage Branding）的過程，義大利學者Valentina Martino稱之為「組織（品牌）記憶的傳播策略」[1]。是什麼觸動了消費者對品牌產品與服務的正面認知、情感與反應呢？從品牌資產而來的真實性（authenticity）——可靠、尊重、真實就是驅動力。例如專為戶外活動愛好者和登山家設計、被譽為美國戶外品牌中的Gucci——Patagonia（巴塔哥尼亞），自1973年成立以來，一直投身於環境保護與創新戶外功能產品，並提供顧客一覽該公司系列商品的供應鏈廠商資訊，消費者除了購買其服飾之外，更認同其品牌理念與透明的營運。

博物館典藏是品牌發展過程的寶藏集成，經營品牌資產擴大品牌象徵價值

　　既然品牌資產如此重要，掌握「品牌資產模式」（Heritage Quotient Model，由學者Mats Urde、Stephen A. Greyser & John MT. Balmer所提出）的元素也就顯得關鍵，包括「從品牌管家」（brand stewardship）為中心向外延伸的五個元素：有跡可尋的紀錄（track record）、悠久歷史（longevity）、核心價值（core value）、象徵符號的運用（use of symbol）以及對身分識別重要的歷史（history important to identity）[2]。放眼歷史悠久的義大利精品Salvatore Ferragamo博物館，就是呈現品牌資產模式的好例子。菲拉格慕先生1923年在好萊塢開設第一家靴子店，之後面

---

[1] Martino, V., & Lovari, A.（2016）. *When the past makes news：Cultivating media relations through brand heritage*. Public Relations Review, 42（4）, 539~547.

[2] Urde, Mats, Greyser, Stephen A, and Balmer, John M T. *Corporate Brands with a Heritage.* The Journal of Brand Management 15.1（2007）：4~19.

臨1929年的經濟大蕭條，使得他不得不關閉美國的店面，接著將重心放在家鄉義大利市場，卻又歷經墨索里尼的法西斯主義獨裁統治，使得義大利遭受經濟制裁。然而，他對製鞋的熱情讓經典楔型鞋款設計在此時陸續發表。

　　二戰結束後，Salvatore Ferragamo品牌成為了義大利的重建符號，1947年，菲拉格慕先生的隱形涼鞋獲得如同時尚界奧斯卡獎的「尼曼馬庫斯時尚領域傑出貢獻獎」（Neiman Marcus Award for Distinguished Service in the Field of Fashion），他也是第一位獲獎的製鞋設計師，1959年為二十世紀美國最著名的電影女演員瑪麗蓮·夢露所設計、鑲有紅色施華洛詩奇水晶的高跟鞋，更是舉世聞名的經典。1960年，菲拉格慕先生去世，享壽62歲。他的家族於1995年在義大利佛羅倫斯設立了Salvatore Ferragamo博物館，展示品牌創辦人的生平與歷年作品，2006年12月重新開幕，一萬三千筆原始鞋履及大量的檔案、照片、設計師的工作紀錄與鞋子作品，豐富地呈現品牌的歷史傳承。除此之外，博物館還有專屬自己的logo——一雙鞋履的側影結合品牌名稱。

尼曼馬庫斯（Neiman Marcus） i

美國專門銷售精品的百貨公司，創立於1907年，2020年Covid-19疫情爆發後申請破產。「尼曼馬庫斯時尚領域傑出貢獻獎」是由Carrie Marcus Neiman與Stanley Marcus於1938年創立的年度獎項，頒獎給對時裝業有重大影響的名人、製造商、記者等。

Coco Apartment內部陳設。

Coco Apartment的迴旋鏡梯。

一個博物館的誕生，歸功於足量的藏品收集與保存，數千件、數萬件的藏品需要大量的金錢、時間投資，還有專門人員的整理與規劃，因此通常歷史悠久、經營成功的品牌，才有能力建置博物館。除了常態展，博物館的特展與企劃展也是重點，例如菲拉格慕先生曾為瑪麗蓮·夢露製鞋，因此Salvatore Ferragamo博物館以夢露為主題，在2012年6月舉辦特展，透過說故事的方式創造觀賞者的愉悅體驗，讓觀眾走入夢露與菲拉格慕先生的世界，回味她精彩的一生，展出結束後仍吸引許多粉絲詢問該項展覽。為了因應現代社會及觀眾需求，博物館扮演了參觀、學習、文化體驗等多功的角色。2013年4月，博物館不再談品牌的過去，改以創辦人的故事為藍本，展示各領域藝術家們為該主題重新創作的藝術作品，也向其他博物館商借獨特的藝術珍藏，結合時尚、藝術和夢想，透過裝置藝術、漫畫、動畫、電影短片、故事與古董珍藏再次詮釋品牌。

　　博物館近年的特展包括品牌90週年的「1927 The Return to Italy」；2018年的「Italy in Hollywood」，敘述菲拉格慕先生在成立品牌之前曾居住美國加州的故事，2019~2020年以「永續思考」為主題，展出品牌相關產品、相關藝術家、布料對永續的影響，試圖以品牌的角度詮釋各類的議題，展現從品牌DNA所衍生的觀點[3]。

---

*3 Iannone, F., & Izzo, F. （2017）. *Salvatore ferragamo：An Italian heritage brand and its museum.* Place Branding and Public Diplomacy, 13（2）, 163~175.

創辦人之家是品牌創辦人生活過的痕跡，每一個角落，都影響著產品的誕生

　　另一個實踐品牌資產模式的最佳案例，當屬香奈兒女士的寓所「Coco Apartment」。看過香奈兒傳記的人一定都知道巴黎康朋街31號，關於Chanel品牌的起點、成長都在這裡。現在，康朋街31號的一樓仍然是品牌的旗艦店、二樓為高級訂製服客人的試衣裁縫間、四樓是設計師工作室，Coco Apartment位於三樓。早期，Chanel的服裝秀都是在二樓舉行，二到三樓間就是著名的「鏡梯」。香奈兒女士喜歡坐在這裡透過轉角的鏡子，若有所思地看著模特兒一個一個走出去，觀察顧客的表情與反應，2009年電影《時尚先鋒香奈兒》（*Coco Before Chanel*）就以此場景作為影片的結尾。

　　時至2019年，創意總監Virginie Viard接班Chanel後的第一場工坊（Métiers d'Art）系列秀，就將迴旋鏡梯搬進大皇宮（Grand Palais），除了致敬香奈兒女士，具品牌象徵意義的迴旋鏡梯，更有回到品牌最初原點的意義。

　　Virginie Viard表示：「回到Chanel品牌的根本元素就是以簡約為主軸，不需過度裝飾。」整場秀從模特兒走下米白色樓梯的畫面，不斷出現的品牌象徵（山茶花、稻穗、斜紋軟呢），與創辦人寓所有關的布置（鏡梯、雙C標誌水晶吊燈），都讓品牌經典元素直接進入觀眾眼簾。

　　住家是最能展示個人真實樣貌的地方，Coco Apartment的寶藏當然不僅於此，有別於黑、白簡約風格的Chanel，香奈兒女士的寓所呈現巴洛克風格，收集了許多她的珍藏：東方漆木屏風、造型如芳登廣場（Place Vendôme）的八角鏡、藝術家朋友贈送的禮物。香奈兒女士相當迷信，寓所裡有非常多象徵豐收、好運、長壽之類的稻穗、鹿、水晶球、蟾蜍、十字架等收藏品；此外，還有代表獅子座女主人的金色獅子圖騰物件，幸運數字5及雙C造型的水晶吊燈架，風格迥異的收藏，經常巧妙運用在品牌的產品、廣告、時尚秀與精品店的相關設計中，比如寓所內的同款壁爐造型會出現在Chanel的頂級珠寶店，珍藏的鳥籠曾出現在Chance系列的香水廣告，頂級珠寶也以獅子造型做設計。寓所保存維護非常完整，客廳裡的鮮花有專人定期更換，彷彿香奈兒女士還生活在這裡。透過揭祕創辦人之家，讓人了解品牌的集成並不只有商業、產品，創辦人的生活隱藏著豐富的故事與歷史軌跡，因為對某些事物的情有獨鍾及堅持，才造就了Chanel。

這些資產的保存，除了提供創意總監靈感泉源之外，品牌之友、VIP或媒體也有機會一窺究竟。

在臺灣，品牌之家的概念也逐漸受重視，雖歷史不久，但表達創辦人的生活態度，累積品牌文化仍是相當重要的一步。Douchanglee的「Dou Maison兜空間」，是設計師搭檔竇騰璜和張李玉菁為品牌所建造的創新與懷舊交錯空間。這座新古典主義連體老建築建造於1932年，位於臺南市著名古蹟「林百貨」旁。老宅的歷史感，加上設計師的眼光，造就了風格獨特的兜空間。兜空間一、二樓是結合休閒與品牌商品的複合式咖啡廳，三樓是古董家飾Fabrik加工廠，四樓則是藝廊。這個集合竇騰璜的私人收藏，加上觀光、時尚、歷史、藝術於一體的空間，除了可讓顧客感受設計師的品味，對設計師而言則是一個記錄品牌、展現核心價值與身分的場域。好好保存相關的設計、服飾、收藏，隨著時間累積，就能成為有豐厚資產的品牌。

時尚品牌設置博物館或經營品牌之家的初衷或許不一，但都是為了保存品牌足跡、符號與重要歷史。博物館或公開的品牌之家需考慮多樣性的陳列品、典藏數位化與網路化，並結合觀光旅遊，以人性化、重視觀眾、研究觀眾的方向，持續為未來徵集展品，策劃展覽。以往，許多收藏品的管理是由品牌總部公關部人員負責，在專業分工的時代，品牌也陸續聘用專家或策展人，持續開發新的展覽內容與知識並提供諮詢與研究。最後，既要品牌的面子又要裡子，對灌溉品牌的投資、營運管理及成本是少不了的，羅馬不是一天造成，而是日積月累而來的。

兜空間建築外觀。（圖片提供：DOUCHANGLEE）

兜空間一樓日光大道藝術餐廳。（圖片提供：DOUCHANGLEE）

3 借力使力，時裝週的品牌效益

我的工作是給人們從未想過的東西。

傳奇時尚編輯｜Diana Vreeland

就算不了解時尚，也聽過「時裝週」吧！巴黎出生、曾擔任美國《Vogue》時尚編輯的時尚教主、紐約大都會藝術博物館（Metropolitan Museum of Art, MET）服裝部特別顧問Diana Vreeland曾說，她的工作是「給人們從未想過的東西」。時裝週是集合了所有知名品牌最新一季作品的大舞臺，各家設計師憑藉著大舞臺述說各式時尚故事，希望自己的作品被看見、受到青睞，除了發表時尚主張外，更盼望滿足買家、通路商等產業相關人士的需求及引發消費者對產品的渴望。

時裝週哪兒來？時裝週的五大目的

國際上最具知名度的莫過於「四大時裝週」（紐約、倫敦、米蘭、巴黎），除了每年舉辦兩次的時裝週（春夏、秋冬）之外，還穿插了男裝時裝週、高級訂製服、早春、早秋系列的發表。一般而言，時裝週有幾個目的：首先，時裝週提供全球各地買手或採購

人員集中到時裝週觀賞服飾的機會,並為下單進行準備。1920年代,巴黎時裝品牌為了美國買家方便,以集中方式一年推出春夏與秋冬兩季新品,巴黎時裝週的樣貌因此而逐漸形成。其次,時裝週矚目度高,是品牌爭取曝光的平臺,並獲得媒體報導。二戰爆發後,歐洲的時尚活動被迫停止,紐約時裝週的前身——「媒體週」(Press Week)在1943年應運而生,許多美國時尚品牌藉由媒體報導逐漸抬頭,例如出生於多明尼加共和國的美國設計師Oscar de la Renta,為名媛所設計的禮服登上1956年美國《Life》封面,也受到Diana Vreeland的關注。1962年,紐約時裝週正式由美國時尚設計師協會(Council of Fashion Designers of America, CFDA)協調眾家品牌於統一時間舉辦的形式確立。第三,透過時裝週的走秀、展示,設計師宣告下一季將上市的服裝系列,吸引消費者關注與跟隨最新的設計,並成為未來衣櫥中的選擇。第四,時裝週是呈現設計師才華與想像的舞臺,設計師可以獲得其他本業或異業合作機會,對新銳設計師而言尤其重要。最後,時裝週也是社交平臺,強化品牌與VIP客人、名人和關鍵意見領袖(Key Opinion Leader, KOL)的關係,前者帶來潛在的商機,後兩者協助品牌曝光與社群傳播效益[1]。

時裝週的樣貌隨著時間發展出多的形式。1998年,倫敦推出「倫敦時裝週末」(London Fashion Weekend),當時主要是在時裝週期間展售當季服裝,後於2016年改名為「倫敦時裝週節」(London Fashion Week Festival),以售票方式讓消費者可以看到設計師們的作品,加上大型「快閃店」(pop-up store)展售超過

---

*1 BeautiMode(2020)〈時尚,原來如此:科技會讓時裝秀式微嗎?一次看懂時裝週的歷史〉Retrieved 6 June 2020, from https://www.beautimode.com/article/content/87284/

一百五十個品牌的作品，也在時裝週當中加入動態秀展演及講座活動，讓消費者與設計師直接進行對話。2019年後，為提升效益，更整合所有活動，開放售票讓民眾參與部分時裝秀，積極朝全民慶典的方向發展*2。2017年開始舉辦的上海時尚週，也同樣主張時裝週不只是品牌的商業活動，主辦單位以時尚相關的主題策展，規劃攝影展、論壇及裝置藝術、快閃店、時尚展覽等多樣化活動。這些活動設計確實豐富了時裝週的內涵，儼然成為城市行銷、國際觀光、創造商機與國際能見度的好題材與平臺。

　　無論如何演變，商業目的才是最實際的，四大時裝週目前仍是時尚界重要盛典，是爭取國際媒體曝光與對接國際買家的大平臺。除了官方日程上的品牌秀，還有非官方日程的秀、商展或展示間等商業活動，提供品牌接單、進軍國際市場的機會。

時尚展示間（fashion showroom） i

展示間是陳列待出售的服飾樣本、提供買家或批發商觀看商品的空間，時尚品牌也可在其公司的空間進行陳列。國際四大時尚城市米蘭、紐約、巴黎、倫敦，都有提供設計師或品牌臨時租借的展示間，特別是時裝週期間，臨時展示間也可當作快閃店，作為短期銷售場所。

時裝週是推動產業發展、培育人才的平臺

　　根據「FashionUnited」（fashionunited.uk）的報導，2017年以前紐約時裝週期間約可帶入九億美元的商機，倫敦時裝週單季

---

*2 British Fashion Council.（2019）. BFC Annual Reports. Retrieved 24 November 2019, from https：//www.britishfashioncouncil.co.uk/About/Reports/BFC-Annual-Reports

可產生超過一億英鎊的交易額，並且有來自超過七十個不同國家的五千名國際買家、媒體及產業相關人士。服裝是時尚產業鏈的火車頭，啟動上、中、下游廠商的運轉，時裝週是推動時尚產業的催化劑，許多國家在扶植時尚產業時，都會將時裝週作為發展重心，過程中，還帶動了模特兒、髮妝造型、攝影、影音、媒體、餐飲住宿、旅遊等業態的發展。亞洲城市諸如東京、首爾、上海、曼谷、臺北等，也紛紛擴大舉辦時裝週，成為培養本地新生代設計師的舞臺。一般來說，主辦方會替設計師構思相關配套，包括：提供辦時尚秀及靜態展示的場地、設備、攝影、燈光等，降低獨立或年輕設計師發表作品的成本，而時裝秀的照片與影音畫面，也可作為日後品牌推廣的素材。

　　除了在當地城市構建服裝發表的舞臺外，亞洲國家另有將本國設計師推向四大時裝週參展的各類機制，例如2015年起，東京時裝週設置了東京時尚獎（Tokyo Fashion Awards）以鼓勵新銳設計師，獲獎的設計師會被安排至巴黎時裝週，有專屬的展示間（showroom.tokyo），對接潛在買家，拓展國際市場；2017年起增設東京時尚大獎（The Fashion Prize of Tokyo），贊助一名已具名氣的日本設計師在巴黎時裝週舉辦兩季動態秀，讓日本品牌可以更穩定地在國際舞臺發展。

　　對設計師而言，能夠登上四大時裝週是一種肯定與機會。2008年，夏姿首次進入法國時裝週，當時舉辦一場獨立的秀要花費臺幣二千多萬元，設計、資金、訂單都是巨大的壓力。法國時裝公會主席Didier Grumbac曾說：「想要進入時裝週走秀，我們最看重的

能力是銷售，一定要有國際市場賣點的品牌，才會讓他持續留在名單內。」2018年，臺灣設計師黃薇的品牌Jamie Wei Huang登上倫敦時裝週官方伸展臺，是臺灣品牌的首例。黃薇在訪問中提到，要進入官方日程表有各項門檻，包括品牌的年營業額、產品生產能力與通路數量等。所以設計師不僅是設計服裝，還要能掌握原材料、控制成本、了解市場、行銷與銷售，這些都需要專門人才分工合作，才得以完成，也說明了要培養一位成功的設計師有多麼不容易。

時裝週的全球曝光效應

曾登上倫敦時裝週官方日程表的臺灣設計師詹朴，在訪問中提到，時裝週最大的效益就在於可直接被國際媒體看見，只要能登上一個時裝週，對尋找買家、開發通路與跨界合作的機會非常有益。除了設計師及作品需要曝光，時裝週當中的意見領袖、YouTuber等影響者（influencer）也渴望被外界看到。

自2010年起社群媒體風起雲湧，網紅趁勢崛起，有大量粉絲、人氣的部落客更成了時裝秀的座上賓，例如義大利的Chiara Ferragni、日本的Amiaya（鈴木姊妹）、美國名媛Olivia Palermo等，進不了主秀的一般網紅則搶在各家秀開場前後、媒體聚集時出現，搔首弄姿、街拍，爭取曝光與吸引粉絲，如同鯰魚效應般的為時裝週增添新活力，也將時裝週的畫面透過網絡迅速擴散觸及一般大眾。時尚媒體、編輯們不得不接受時尚生態改變了，時尚媒體的定位也必須跟著調整，各大品牌及時裝週主辦單位也企圖將時裝週更加「娛樂化」與「觀眾導向」。

科技與流行疾病迫使時尚產重啟、專注創意與工藝

　　以往，時裝週是以媒體、品牌VIP、名人及買家為主的商業、社交平臺，親臨秀場是一場稀有資源的爭奪，如今，經由影音平臺、直播等方式，觀眾不受地點限制可直接觀賞國際品牌大秀，讓不少媒體開始懷疑時裝週的未來。在網路科技促使時尚業不得不調整傳統行銷時裝週的作法後，Covid-19疫情行更對時尚產業產生本質上的劇烈衝擊，使得時裝週的意義備受挑戰。2020年2月，米蘭時裝週大部分的活動都被迫取消，四十五年來第一次沒有觀眾的Armani秋冬時裝時尚秀，透過網路向全球放送；3月初，一向保守的Chanel在品牌官網、Facebook、IG上第一次直播服裝大秀，意味著時尚秀的藩籬不再。CFDA於9月，為紐約設計師們推出結合線上看秀、新聞發布與電子商務平臺「Runway360」，另有國際服裝交易平臺「Joor.com」提供買家下單。2021年更將紐約時裝週日程更名為「美國系列日程」（American Collections Schedule），表明時裝展示不限於特定日期、地點。

　　英國時尚協會（The British Fashion Council, BFC）與美國時尚設計師協會在2020年5月發表了一份值得省思的聯合聲明，當中提到疫情打亂了時尚常規，經濟嚴重下滑，產生大量庫存，時尚產業需藉此「重啟」（reset）、重新思考往後的發展。過往，時尚界快速地推出一季又一季的服裝模式要如何轉型？令全球媒體與買家疲於奔命的時裝週次數是否該減少？時尚業消耗大量資源與過度碳排放早已被詬病，此刻，是否正是思考永續時尚的時機？許多時尚產業的大哉問也許可以回到原點，在新常態下，發揮時尚界最擅長的創意與工藝來面對接下來的挑戰。

4 由商業框架進入時尚思維

為了不被取代，必須永遠與眾不同。

Chanel品牌創始人 | Coco Chanel

    時尚、精品業總是給人一種霧裡看花、浪漫迷人之感，不少產業也希望與時尚靠攏，提升質感與吸引力。如果仔細了解時尚業龍頭品牌的發展歷史，會發現品牌的理念、風格與堅持，是成就這些大品牌的必要元素，而非花拳繡腿、風花雪月的表象。時尚的本質就是要與眾不同，時尚就是過去與現代的對話，時尚從法王路易十四以來就是文化與商業的結合。這裡就來掀開時尚面紗，看看這個產業的基本輪廓。

    從1980年代之後，許多時尚品牌開始步入全球化，逐漸從歐洲、美洲輻射到亞洲，進入二十一世紀，特別是2010年後至今，不論大型精品集團與獨立時尚品牌，所面臨的挑戰與頭疼的問題，應該超越過去幾十年所遇到的各類議題的總和，這些嚴峻的情況已非僅局限於時尚產業內或某一公司的營運，而是大環境的改變，包括全球匯率的快速波動影響跨國市場運作與產品價格、新媒體的大軍來襲改變消費者習慣、新科技的快速發展（如人工

智慧、VR及AR技術、5G等）讓傳統精品業必須找出新的應對方式、各國政府對奢侈品的政策調整（如打奢政策、關稅），還有原料、環境汙染及勞工議題、山寨品、流行疫病擾亂全球市場等。在這錯綜複雜的環境下，為了了解時尚精品業的面貌，藉由行銷常用的「優勢、弱勢、機會、威脅」（SWOT）分析來一窺產業究竟，有助於進入時尚業的思維。

品牌資產豐富、軟實力雄厚

首先，論及「優勢」（strength），許多時尚、精品業的歷史悠久，擁有豐富的品牌資產，風格深入人心，識別度高的全球據點，高品質產品，特別是有令顧客趨之若鶩的經典款，放眼所見的Prada經典三角logo手提包、YSL煙管褲、Dior的A-line洋裝、Roger Vivier的方扣鞋等，都是具體的例子。這些品牌同時擁有好口碑與一群忠實的顧客，每隔一段時間就會舉辦大型品牌活動，持續不斷傳頌品牌傳奇並凝聚顧客，例如以變形金剛與埃及金字塔為靈感的變形時尚伸展臺Prada Transformer、為慶祝177週年的Hermès全球皮革巡迴展等；時尚業最擅長求新求變的創意活動、運用故事行銷與名人效應，每每讓時尚大秀或品牌發表吸引全球媒體曝光。抑或，推廣工藝、贊助藝術創作、聯名藝術家等來傳承品牌及鞏固企業資產與聲譽，例如LVMH集團成立路易威登藝術基金會，推廣法國及國際當代藝術創作；Prada基金會下設的米蘭新展館於2015年5月對公眾開放，展示現代藝術展覽以及建築、電影和哲學作品。

這些都是歷來時尚精品業的慣用手法，看似耀眼浮華，卻都是品牌的創意、工藝與時間的累積，時尚精品業對品牌的堅持與保護，應是各行各業之冠。時尚業還有穩定的協會組織來監管、規範產業發展，諸如美國時裝設計師協會、英國時尚協會、高級訂製和時尚聯合會（Fédération de la Haute Couture et de la Mode, FHCM）、義大利國家時裝商會（Camera Nazionale della Moda Italiana, CNMI）等，對整體時尚業的推動、整合居功厥偉，例如透過舉辦時裝週建置商業平臺、呈現時裝作品與展現該國文化與生活，扶持年輕設計師，推動時裝產業轉型等。

過去的優勢，今日的弱勢

至於「弱勢」（weakness）呢？時尚精品業經常以創造神祕感的方式吸引顧客，多數品牌在銷售通路、傳播溝通、價格政策上也相對保守，但面對蓬勃發展的新媒體、社交平臺所帶來不打烊的全球化與透明化訊息，時尚精品業者被迫逐漸縮短距離感，例如分享量身訂製的祕辛、製程、品牌之家等。過去以平面媒體為主要溝通方式，現在為了與年輕的Y、Z世代消費者對話，持續摸索數位化策略與新行銷模式[1]；在2018年波士頓諮詢公司與騰訊共同發布的《中國奢侈品數位報告》中就提到：「線上調研、線下購買」（Research Online Purchase Offline, ROPO）的精品購買路徑在中國已達80%，超過世界的平均數[2]。Chanel全球服飾精品部總裁Bruno Pavlovsky在2016年於「The Business of Fashion」網站的訪談中提到：「中國有微博、微信等獨特的社交網路，我們

[1] CLeu, T.（2017）. #MeSpecial 「厭世做自己！千禧世代想什麼你真的知道嗎？」Retrieved 7 June 2020, from https：//www.vogue.com.tw/vogueme/content-35871
[2] BCG and Tencent.（2019）. 2019 China Luxury Digital Playbook. BCG and Tencent. Retrieved from http：//media-publications.bcg.com/france/2019BCGTencent_Luxury_Digital_Playbook.pdf

在不斷學習，試圖為我們的顧客做的更多。」

不斷學習的背後，還有外界看不到的總部主導思維與地區決策彈性的平衡挑戰，全球一致性與因地制宜在行銷與傳播上的磨合，因應環境變化的組織調整與創新的壓力，還有人才培養不足、永續與負責任的商業實踐運作的遲緩、供應鏈變革等挑戰。另外，以往品牌為大、品牌說了算的時代已漸漸改變，展店方式需要因地域而調整，區域型消費者喜好的快速變化，促使品牌要提供更獨特、有個性的商品。以Gucci為例，曾經在2013年前於中國大賣的GG logo包包，在追求logo的炫耀性心態逐漸淡卻，並且因為包款過度重複，不少顧客遂轉向其他知名度較低、但具有設計感的小眾品牌，導致該品牌價值與業績雙雙滑落，Gucci隨後在設計上進行年輕化、時尚化調整，並減少帆布類商品、提高皮質產品，才又挽回消費者的心。當然，時尚精品顧客與品牌的關係不僅止於商業交換，顧客的感覺很重要，品牌要了解顧客的喜好，他們期待超出想像的銷售服務品質，長期關係的建立，以及特殊的活動體驗。時尚精品產業追求的是，只有更好，沒有最好。

產業數位化，價值鏈重建

至於「威脅」（threat），由於地緣政治不穩定和貿易緊張局勢加劇，不論新興市場與已開發地區皆面臨經濟衰退風險。加上要如何校準數位應用的範疇與策略之壓力以及突如其來的公共衛生危機等，使得時尚精品業的挑戰重重。首先，電子商務的無遠弗屆，各時尚網購平臺興起，令許多顧客轉到線上購物，App、

社交媒體平臺下單，網路代購等多元消費及付費模式，打亂了以往幾十年以傳統通路實體店面為主的銷售方式。麥肯錫諮詢公司《2020年度全球時尚業態報告》提到，亞洲跨境電商平臺連結全球顧客加劇與西方品牌的競爭，數位獲利新模式的出現，例如：直接面向消費者的品牌、數字優先商業模式，使傳統的展示間與商展（trade fairs）模式需要再翻新[*3]。

面對2020年Covid-19疫情全球大流行的突發狀況，封鎖、隔離等措施阻礙旅遊與時尚週的舉辦，消費者也減少購物，各品牌庫存壓力倍增且業績直落，經濟大幅衰退。此時，時裝產業以傳統先設計、下單工廠製造、數個月後上架銷售的模式，在面臨市場巨變的情況下，造成供給對不上需求，生產過剩比率達三成的時裝週模式因此面臨極大挑戰。在義大利國家時裝商會和英國時尚協會的規劃下，為了使訂貨季能夠正常運作，2020年6月的男裝週以數位化方式呈現。

不少時尚品牌改變營運策略，例如Gucci、YSL，決定進行瘦身或聚焦無季節產品，從一年6~8次時裝秀減少到2次，縮小活動規模，選擇線上走秀模式，或直接脫離時裝週，改走自己的專屬行程，以因應疫情時代。值得觀察的威脅，還包括以往全球分工模式因肺炎疫情而斷鏈，往後為滿足鄰近消費者需求與分散風險將影響供應鏈的重組，業績過度集中於某些國家而導致的風險，也需要重新思考與布局。

---

*3 The Business of Fashion and Mckinsey & Company. （2020）*The State of Fashion 2020*. Retrieved from https：//www.mckinsey.com/~/media/mckinsey/industries/retail/our%20insights/the%20state%20of%20fashion%202020%20navigating%20uncertainty/the-state-of-fashion-2020-final.ashx

創新思考，永續時尚

　　展望未來的「機會」（opportunity）又在哪兒呢？貝恩公司聯合義大利奢侈品行業協會（Fondazione　Altagamma）發布的《2020年全球奢侈品行業研究報告春季版》指出，Covid-19疫情危機迫使時尚精品產業進行更具創造性的思考，甚至更快地進行創新，以滿足許多新的消費者需求和通路限制，包括如何運用AI技術、大數據、物聯網、5G等進行生產流程、銷售與行銷創新，或經由跨產業合作、數位組織建制來推動整體數位轉型[4]。

　　Chanel自2018年起，為增強零售通路的掌握，透過與「Fartetch」網站的獨家合作夥伴關係，企圖為使用各種線上平臺之顧客建構統一的路徑，結合e化服務與實際的Chanel精品店體驗，發展出融合線上和線下購物旅程，顧客無須旅行就能完整掌握產品與各項資訊與服務。LV、Ted　Baker分別在2017、2018年在Facebook上推出聊天機器人，2018年開雲集團與Apple合作開發了一套應用程式，供集團內各品牌店內銷售人員即時掌握庫存水平，並建置數據科學小組，在群體層級上研究如何促進顧客的服務與購物體驗，集團還提出創新任務：其一、灌輸內部創新文化（採取測試——學習方法、快速共享發現、偵測業務趨勢）；其二、採用顛覆性技術進一步改善客戶未來在商業或環境方面的體驗。至於，在品牌周圍的其他時尚輔助產業，如時尚攝影、名人造型、活動與秀場製作團隊等，為因應時尚產業的變化也紛紛採用新的方式與技術，就如為Dior、Kenzo、YSL等品牌製作時裝秀的知

---

*4「貝恩觀點」（2020）〈奢侈品行業迎來新變革，品牌應對顛覆性挑戰之道〉Retrieved 7 June 2020, from https：//www.bain.cn/news_info.php？id=1110

名製作公司Bureau Betak，嘗試以數位攝影技術傳輸複雜多層影像，進行無觀眾的直播秀，讓遠端觀賞者可以看到伸展臺，與如同坐在前排才看得到的細節。

快時尚（fast fashion） i

源自於歐洲，以價低、款多、量少為特點，快速提供當下流行款式。快時尚通常受時裝秀或名人風格的強烈影響或在某些情況下生產複製品，快時尚品牌例如：Topshop、H&M等非時尚創造者，而是快速反應市場需求將流行元素組合生產，以Zara為例，交貨時間為15天或更少，為了吸引消費者不斷嘗新、購買、拋棄，縮短流行服飾的生命週期。快時尚產業也引發許多爭議，包括廉價勞工、環境汙染、碳排放等。

另一項機會就是永續時尚。過往精品為了解決剩餘製成品以避免外流會採取銷毀的方式，以確保品牌的價值，Burberry在2018年宣布終止這項作法，並擴大回收、維修和捐贈無法銷售的產品。也有香港獨立設計師黃琪與Toby Crispy成立「時裝診所」（Fashion Clinic），以「修補、修改、重新」設計方式替客人的舊衣賦予新生命，最常見的是將有紀念性的衣服進行重新設計，以保留過去的記憶。德勤管理諮詢公司（Deloitte Touche Tohmatsu）在《2019年奢侈品的全球力量》報告中提到，道德價值觀對消費者、特別

---

*5 Deloitte.（2019）*Global Powers of Luxury Goods 2019.* Retrieved from https：//www2.deloitte.com/content/dam/Deloitte/ar/Documents/Consumer_and_Industrial_Products/Global-Powers-of-Luxury-Goods-abril-2019.pdf

是千禧世代而言越來越重要，也就是期望品牌對整體生態系統做出貢獻，包括環保、動物福祉、生產與勞工等。[5]由英國時尚協會推動的2020年「積極時尚計畫」（Positive Fashion）正好呼應這些訴求，包括強化環境與商業治理以推動永續時尚，重視從產品製造商到開拓品牌的員工、學生和模特兒們，以及支持時尚業的人才、技能、工藝及對社區貢獻[6]。永續概念在時尚精品業已形成既定方向，品牌各自登山嘗試不同的循環策略與創意，期望在呼應品牌價值與精神的前提下，再次開啟時尚經濟新模式。

　　時尚產業待解決的議題千絲萬縷，部分迫在眉睫的挑戰，包括速食消費、過度生產與汙染問題在本書最後有進一步的討論。希冀藉由商業分析框架作為切入點，一窺時裝產業的輪廓，逐步進入時尚思維。

---

*6 British fashion council.（2020）British Fashion Council-Positive Fashion. Retrieved 7 June 2020, from https：//www.britishfashioncouncil.co.uk/BFC-Initiatives--Support/Positive-Fashion

5 彰顯品牌核心價值的企業社會責任

我堅信，永續業務是明智的生意。它為我們提供了創造價值的機會，同時有助於打造更美好的世界。

開雲集團CEO│François-Henri Pinault

　　義大利精品Salvatore Ferragamo董事長Ferruccio Ferragamo曾說：「我父親一百年前帶著創造世界最美麗鞋履的夢想來到美國，在好萊塢開了第一家店。」這段經歷讓Ferragamo家族與洛杉磯有著深厚的關係，因此，不斷支持藝術，傾力贊助2013年10月位於加州比佛利山莊、具有文化地標的Wallis Annenberg藝術展演中心之開幕晚宴，Salvatore Ferragamo也成為展演中心的指標性夥伴。這說明了，品牌必須將本質的、固有的、內在的價值傳遞給利益關係者，以簡單、相關、本地化的原則與目標對象溝通，呈現品牌既有的身分、能力與核心價值，簡單說，就是做真實的自己，不需要過度裝飾或浮誇，兩者的關係才能長久，至於以何種形式出現，只是不同的選擇。

　　藝術與體育贊助、慈善捐款、社區服務、弱勢扶持、人才培育、古蹟修復、文化保存、環境保護等，這些不同的項目都可以是企業社會責任（Corporate Social Responsibility, CSR）的範

疇，CSR活動被定義為：一個公司承諾經由商業實踐和對社會議題的貢獻以增進社會福祉的展現[1]。例如跨國精品LVMH集團設置「時裝設計師大獎」以培育新生代設計，2019年起與教科文組織簽署為期五年的夥伴關係以支持「人與生物圈」（Man and Biosphere）計畫，義大利品牌Fendi修護羅馬古蹟，義大利品牌Prada修復上海榮宅，開雲集團及旗下品牌捐款一百萬美元給非營利組織CDC基金會以支持美國醫療工作者及並提供個人保護設備等物資，義大利品牌Armani集團生產一次性醫用防護衣以抵抗疫病等例子。這些都是在本身已有的影響力範圍內與可控的情形下，所選擇的方向或計畫，也呼應企業或品牌宗旨。

LVMH集團（Louis Vuitton - Moët Hennessy, LVMH Group）　　　　　　　　　　i

以LV與Hennessy為首，有超過五十個全球知名品牌，如Dior、Celine、Fendi等，外加免稅店DFS Galleria，以及法國第一家百貨公司樂篷馬歇（Le Bon Marché）等，為全球最大精品集團。

開雲集團（Kering Group）

全球三大時尚精品集團之一。開雲集團匯聚一系列知名的時裝、皮具、珠寶及腕錶品牌，包括Gucci、Balenciaga、Saint Laurent、Alexander McQueen等，Kering意指集團的起源，「ker」的意思是家或者居所，集團logo貓頭鷹的形象標誌著睿智。

---

[1] Olšanová, K., Gook, G., & Zlati, M. （2018）*Influence of Luxury Companies' Corporate Social Responsibility Activities on Consumer Purchase Intention：Development of a Theoretical Framework.* Central European Business Review, 7（3），1~25.

企業社會責任在時尚精品產業中，做得較早的是開雲集團，旗下的義大利品牌Gucci自2004年起逐步開啟CSR的思考與行動，集團於2011年率先發表有關碳足跡的「環境損益表」，將自然資源會計納入公司報告，並提出企業在運作當中，要同時考慮到環境保護並將其納入日常決策之中[*2]。過去十年間，許多時尚精品公司也跟進，腳步不一，角度也不一，這就要從了解CSR的整體演變以及企業對CSR的知識、態度、策略及戰術談起。

> **環境損益表（Environmental Profit & Loss, EP&L）** ⓘ
> 分析公司自身運營以及整個供應鏈中的總體環境影響，然後估算這些活動導致的環境變化對社會造成的成本。

　　美國學者Archie Carroll在1991年時，提出企業責任金字塔的概念[*3]，最底層的部分是經濟的責任（投資、稅賦、提供工作機會），第二層是法律的責任（依法運作），第三層為道德責任（企業要做符合道德的事），最高層為慈善責任（捐款給慈善機構、參與志願服務及社會責任項目）。為因應如員工、政府、環保團體等利益關係者的要求，大型企業除了要符合第一、二層的基本責任外，還要做到第三層道德責任。當世界越透明，各種類型的議題不斷出現時，時尚精品企業被推著要肩負起更多責任，如原材料來源、野生動植物衍生貿易與福祉、供應商的勞工權益與負責任的行銷等，就屬於、甚至超越第四層的慈善責任。有些企業會誤解、認知不清，將社會責任僅僅視為成本支出，所以有花錢消災的心態，或以

*2 Kering.（2020）*What is an Environmental P&L* ? Retrieved 28 June 2020, from https：//www.kering.com/en/sustainability/environmental-profit-loss/what-is-an-ep-l/
*3 Carroll, A. B.（1991）. *The pyramid of corporate social responsibility：Toward the moral management of organizational stakeholders*. Business Horizons, 34, 39~48.

CSR作為美化企業形象的手段，事實上，社會責任應該是與利益關係者透過「創造共同價值」（Creating Shared Value, CSV）的作法，系統性地落實到企業的各個面向與日常運作之中，部分公司如聯合利華（Unilever）及雀巢（Nestlé）等，已選擇以CSV取代CSR*4。筆者在2017年與臺灣《VougeMe》雜誌合作，針對一千三百位1980~2000年出生的千禧世代臺灣女性所做的調查顯示，她們對於企業產品與服務責任、顧客隱私、勞資與工安相關議題極為重視，平均每十個千禧世代中就有六個人會因為企業的社會責任表現，而調整她們對品牌的個人好惡、進一步去影響周遭人的觀感，甚至發動購買或抵制商品。說明了企業需要確實做好四個層級的責任，才能得到顧客的認可*5。

> **MLS模型（MLS model）** i
> 即企業社會責任三個文化發展階段，由學者Maon, Lindgreen與Swaen於2010年提出，包括企業社會責任勉強階段（CSR reluctance）、企業社會責任文化掌握階段（CSR grasp）、企業社會責任文化嵌入階段（CSR embedment）。其中細分為──CSR勉強階段：①打發階段；CSR掌握階段：②自我保護階段、③尋求合規階段、④能力尋求階段；CSR文化嵌入階段：⑤關懷階段、⑥戰略階段、⑦轉型階段。

為了更清楚了解如何整合企業、利益關係者與策略，由三位研究CSR學者François Maon、Adam Lindgreen、Valérie Swaen

---

*4 Olšanová, K., Gook, G., & Zlatić, M.（2018）*Influence of Luxury Companies' Corporate Social Responsibility Activities on Consumer Purchase Intention：Development of a Theoretical Framework*. Central European Business Review, 7（3），1~25.

*5 Leu, T.（2017）. #MeSpecial「厭世做自己！千禧世代想什麼你真的知道嗎？」Retrieved 7 June 2020, from https：//www.vogue.com.tw/vogueme/content-35871

在2010年提出了「MLS模型」，說明企業社會責任文化發展三個階段：勉強階段，意味著企業認為CSR是一種約束，也無CSR目標；掌握階段，CSR是為了保護公司目標，專注於短期內的聲譽、實際成果以及配合既有流程；嵌入階段，指整合性、更有影響力的CSR作為，CSR不僅是企業商機也是社會變革契機，不斷創新且從長計議*6。根據《利益相關者履行企業社會責任的方法：壓力，衝突和和解》*7一書所述，Gucci在2011年的組織架構中，設有專責的CSR單位，CSR是由副總裁與財務長直接負責，CSR單位同時直接對總裁與執行長報告，CSR下轄四個部分，包括稽核（監管供應鏈與訓練）、永續報告、慈善與利益關係人參與。

　　Gucci面對來自利益相關者的壓力和衝突時，需要新思維、新的商業模式。從「表一」中，可以看到2004至2011年間，Gucci自CSR文化掌握階段往CSR文化嵌入方向發展，不論在企業身分、策略、結構、成效評估、揭露各方面都是從無到有——從沒有正式的CSR作為依據參考到形成CSR政策，從偶一為之的CSR活動到CSR成為企業策略且融入每個人的日常業務中，從沒有正式的組織到設置CSR委員會，從不需評估CSR成效到監管各利益關係人的參與及滿意度，最後，從不需要對外揭露CSR成效到提出永續報告書。

　　那麼，為了創建負責任的企業，Gucci的實績有什麼呢？　2020年世界地球日50週年時，Gucci發表品牌推動永續發展的倡議，這裡列舉幾項：Gucci總裁兼執行長Marco　Bizzarri在2019年第

---

*6 Maon, François, Lindgreen, Adam, & Swaen, Valérie. （2010） *Organizational Stages and Cultural Phases：A Critical Review and a Consolidative Model of Corporate Social Responsibility Development.* International Journal of Management Reviews：IJMR, 12（1），20~38.

*7 Kotler, P., Maon, F., & Vanhamme, J. （2012）*A stakeholder approach to corporate social responsibility ：Pressures, conflicts, and reconciliation.*

表一：Gucci CSR文化掌握發展，2004~2011

CSR文化發展階段	CSR發展階段	CSR正式發展面向				
		企業身分	策略	結構	表現評估	揭露
勉強階段	①打發	不適用於Gucci案例				
文化掌握階段	②自我保護	不適用於Gucci案例				
	③尋求合規	✓ 沒有正式CSR依據參考 ✓ 解決供應鏈中社會關注事務	偶爾為社區、員工、環境發起活動	沒有正式任命的特定組織單位	不需要評估CSR成效	不需要揭露CSR成效
	④能力尋求	✓ 形成正式商業實踐準則 ✓ 解決社會與環境議題	CSR成為企業策略的一部分	正式任命企業社會及環境責任經理人	已搜集評量但未採取系統化的「計畫、執行、檢核、行動」方案	非系統式的溝通CSR活動
文化嵌入階段	⑤關懷	✓ Gucci「CSR政策」形成，「永續價值」成為新任務	CSR融入每個人的業務中；一個文化的改變	增進利益關係人與正式委員會在CSR有關的議題對話	連結評估到各利益關係者的監管與滿意度	永續報告
	⑥戰略	Gucci的潛在任務				
	⑦轉型					

資料來源：《利益相關者履行企業社會責任的方法：壓力，衝突和和解》，2012。

三季，邀請各行各業的執行長們共同參與「執行長碳中和挑戰」（CEO Carbon Neutral Challenge）專案，當時有The RealReal、Lavazza Group和SAP公司同意參與，一起應對環境議題；Gucci 2020春夏時裝秀為二千位參加的來賓在米蘭市種了二千棵樹，獲得永續活動國際管理標準ISO 20121認證；又，自2015年起禁用PVC並使用再生金屬製造配件和珠寶；以及思考新的模式與解決方案（例如：建立孵化器）來提高生產和物流效率等。這些行動與變革再次強調，決策階層的全力支持與專責CSR組織設置是CSR啟動的關鍵，明確的CSR政策與溝通是推動CSR的助力，CSR得以落實則要依靠利益關係人的積極參與創新思維。

　　根據開雲集團的年報、官網、新聞稿與永續相關資料顯示，開雲集團已在往超越CSR的「永續發展」快速前進。他們研究從原材料到精品店銷售的每個環節，發現93%的碳足跡來自於供應鏈，為降低碳排放，開雲集團在2020年1月公布未來三年永續策略，其中設定永續採購目標為：73%的永續皮革、100%黃金購買來自於負責任的來源，以及30%的有機棉。同時設立材料圖書館，收集三千八百種永續材質樣本。為了達成目標，開雲集團尋找合作夥伴如倫敦時尚學院等，一起推動永續行動，例如，實踐環境之外的議題，如工作場域中的多元化、工作與生活的平衡、女性在管理層的比例與角色，以及與供應商一起關注工作場域條件。

　　聯合國於2015年制定了17項「永續發展目標」（SDGs），提供全球的組織、企業、政府、國家等參考並制定方案與預算。開雲

集團的行動方案至少（不限於）對應了其中幾項目標，例如：第5項目標實現性別平等、並賦予婦女權力，第8項目標促進包容且永續的經濟成長，達到全面且有生產力的就業，第12項目標為確保永續消費及生產模式。2020年6月開雲集團董事會邀請英國知名女演員艾瑪・華森（Emma Watson）加入推動組織中的永續發展委員會，艾瑪・華森提倡性別平權及支持永續環保，例如支持提供消費者檢查服裝永續性的應用軟體Good On You、2018年受邀擔任《Vogue》澳洲版有關永續發展和負責任消費的客座編輯。開雲集團納入艾瑪・華森多年深耕社會環保的資歷，可謂藉力使力，擴大永續效益。

　　義大利品牌Tod's集團之CSR聚焦於人、環境和文化遺產，包括：（1）慈善公益，如於2016年義大利地震重災區──阿夸塔特隆托（Arquata del Tronto）設立製鞋工廠，提供受地震影響的家庭就業機會；（2）支持藝術文化，修復文化遺產，如贊助米蘭當代美術館的年度主要活動、修復羅馬競技場等；（3）注重員工福利，每年提供一定金額作為家庭津貼、衛生保健、員工子女助學金；（4）舉辦工藝研討會，為集團品牌培訓生產產品的專業工匠。前述的這些案例，都說明了有效的CSR或永續策略都是根基在價值的創造而非價值的保護，企業選擇適合的SDG目標並搭配其核心能力，以創新的觀點與利益關係者共同前進，才能實實在在地彰顯品牌核心價值，展現「我是誰」道地的品牌身分。

Gucci於2018世界環境日推出「Gucci Equilibrium」（古馳平衡計畫）線上平臺（equilibrium.gucci.com），配合計畫識別（上圖）以及形象照片（下圖）向媒體公開表示將以「環境、人文與可持續創新的新模式為三大核心」執行品牌永續發展策略。

Gucci總裁兼首席執行官Marco Bizzarri表示，Gucci自2018年起，供應鏈已完全實現碳中和。更宣布加入由聯合國開發計畫署（UNDP）與Finch和瑪氏公司在2018年6月共同設立的「The Lion's Share」基金會，贊助野生動物保護事業。透過減少砍伐與森林退化所致的排放機制（REDD+）抵消剩餘排放，保護全球重要森林和生物多樣性。

Sisley

美容品牌Sisley創立於1976年,是來自法國的專業植物美容保養代表,以科學印證植物美容功效是品牌的核心價值。曾管理過一座森林、養育過馬匹,甚至養過乳牛且獲頒法國「國家農業功績騎士勛章」的創辦人修伯特‧多納諾先生(Hubert d'Ornano)表示:「我熱愛大自然,也歸功現代科技進步,讓我們了解植物的活性成分不僅有醫療效果,也是有效的化妝品成分。」基於這樣的信念,Sisley「無上限」地投入大量研發在植物萃取物的科學與植物性化妝品的開發。

某次內部研究會議中,一項非常昂貴的新產品開發流程即將到達終點時,負責的化學家表示:「這項產品將會因為它的價格而被證明根本無法上市銷售,我們浪費了五年。」多納諾先生回答:「你已經成功地開發出我想要的產品,不要擔心價格,那是我要關心的!」業主與化學家之間的直接對話,在化妝品世界裡並不常見。最佳範例是品牌花費10年光陰所推出的抗皺活膚產品風靡了全球頂級客群,也證明多納諾先生的眼光。

2007年,Sisley家族創立了Sidley-d'Ornano基金會,致力於環保、藝術文化、關懷婦女和孩童事務。在社會

責任的推動上，基金會未曾從增加銷售考量出發，反而是親身體驗後發覺當地的需求而採取小型、實質計畫，例如：家族成員去柬埔寨旅行時，認識了當地一位致力於公益的女士，因此決定資助柬埔寨旅館學校的興建與創辦，2016年2月學校落成，每年培育100位青年學生，訓練美容或餐飲技能，以改善其生活和經濟。另一個例子是Sisley全球總裁和家族去印尼旅行時，發現當地醫療跟衛生條件落後，許多孩童因感染疾病無法取得適當醫療資源而死亡，於是基金會提供長期醫療和藥品資源，每年可以讓超過一百個小孩不會因醫療資源匱乏而失去生命。另外，Sisley臺灣分公司2016年起與世界展望會合作，透過購買全能乳液資助教育經費，讓超過二十位偏鄉地區小朋友能夠不用擔心學費、安心念書一整年。

檢視Sisley的企業社會責任行動是具社會變革契機的，屬於CSR發展的嵌入階段（CSR embedment）。基金會的計畫未綑綁企業商機，Sisley品牌的CSR行動則選擇小專案且符合品牌方向執行。就基金會的角色與企業營運需求，兩者相互搭配、恰如其分。

Chapter II

No Compromise in Positioning & Style

絕不妥協的定位

360度打造品牌風格

6 三角定位決定時尚品牌樣貌

我們每個人都已擁有風格，只是需要找到它。

DVF品牌創始人｜Diane von Furstenberg

談到所謂的「時尚」產業、品牌或產品之前，先來了解什麼是「時尚」（fashion）、什麼是「優質」（premium）、什麼是「奢華」或「奢侈」（luxury）。這幾者概念的混淆及模糊關係，常令人一頭霧水。學者、從業者都指出，奢華沒有固定的定義，是一個多面向的概念。近年，在永續發展的概念之下，甚至還有在生活上、態度上的「素食奢華」的新身分出現；有購買能力的年輕一代消費者，甚至更看重產業、企業的道德與社會責任。

> **素食奢華（vegan-luxury）**　ⅰ
> **素食時尚（vegan-fashion）**
> 時尚品牌生產及銷售百分之百的純素製品，不使用動物皮毛、皮革。例如Gucci、Stella　McCartney等諸多品牌捨棄真皮皮草，改用非動物性的人造皮草。

《新精品行銷時代》（Rethinking Luxury）一書中指出，「奢華」為珍貴稀有、高單價，傳承特殊文化傳統的頂級產品，也可稱之為「精品」*1。《新奢華體驗》（The New Luxury Experience）則從「炫耀性奢華」（conspicuous luxury）及「區隔理論」（Distinction Theory）角度來解析奢侈品消費，指出奢華服飾的購買與使用，主要在傳遞價值、社會與個人身分，以及某種消費文化的歸屬，也稱為文化型的炫耀性奢華。同時，因為服裝與自我的感知緊密相關，時尚一直被視為區別精英階層與大眾的典型代表*2。

　　回顧歷史，十九世紀時，時尚是屬於奢華階級的，當時，設計師雇用模特兒在賽馬場周邊或沙龍茶會中，向貴客展示服裝，換言之，僅有上流社會的人士才能夠享受以及負擔非必要性的華麗衣飾。如同電影《唐頓莊園》（Downton Abbey）中所描述二十世紀初期的英國，貴族們在沙龍中欣賞以「時尚遊行」（fashion parade）方式呈現的時裝秀，並直接向設計師們訂製服裝。

　　《奢侈品策略》（The Luxury Strategy）一書中點出，「奢華」與「時尚」在根本上有兩大區別，其一，與時間的關係，也就是奢華是持久的、時尚是短暫的；例如全手工、量身訂製的高級訂製服就是奢華的代表，而季節品項、街頭潮流或快時尚的服飾則容易過時消逝；其二，與自我的關係，奢華產品是為了自己，時尚則不然*3；如前述，購買奢侈品在彰顯個人的身分、價值、社交地位，甚至表達差異化，而時尚則是線性的、循環的出現，也就是春夏、秋冬產品輪流交替，時尚也像是一種保護、一種逃避，好比跟著

---

*1 Wittig, M., Sommerrock, F., Beil, P., & Albers, M.（2015）.〈新精品行銷時代〉《商業周刊》（翻譯：林淑鈴）

*2 Batat, W.（2019）. The New Luxury Experience：Creating the Ultimate Customer Experience. Springer.

*3 Kapferer, J., & Bastien, V.（2012）. The Luxury Strategy：Break the Rules of Marketing to Build Luxury（2nd ed.）. London, Kogan Page.

潮流變換穿搭，以避免個人被社會定位或定型。法國哲學家Jean Bautrillard在1976年對時尚的描述是：時尚具有讓所有形式回到「起源」及「復發」的能力，時尚是基於廢除過去，也就是形式的死亡和光譜的復活[*4]。如同1960年代的喇叭褲、迷你裙，每隔一陣子又會重回消費者的衣櫥一般，2017年的微喇叭褲再現即為一例。這段描述也呼應了聖羅蘭先生以及香奈兒女士曾說：「時尚會褪色，只有風格永遠存在。」

在現今的資本市場下，不論「奢華」或「時尚」都肩負著商業的功能，奢華品牌需要借助時尚元素擴大市場占有率，最佳的例子就是奢華品牌Chanel加上時尚大帝卡爾‧拉格斐的組合；而時尚品牌需要掛靠奢華概念提升價值，LVMH集團的董事長Bernard Arnault就是箇中高手，他曾邀請知名歌手蕾哈娜（Rihanna）開設集團中第一個黑人女性設計師之時尚品牌Fenty，藉以擴大時尚版圖。所以，奢華是可以時尚的，時尚又宣稱自己是奢華的——所謂可負擔的奢華（affordable luxury）。

那麼，「奢華」與「優質」的關係又是如何呢？這從許多所謂的輕奢（light luxury）、平價好貨（masstige）、大眾奢侈品（mass luxury）等概念的出現後，導致許多模糊與疑惑。簡單說，奢華與優質是不能畫上等號的，德國的羅蘭貝格管理顧問公司（Roland Berger）從消費者的渴望角度分析這兩者的不同，有著來自於創辦人、歷史、符碼等無形元素的奢華產品，不論在設計、製造與價值上都引領消費者的渴望，如同Hermès、YSL，它們不受時間的限制，發行限量版，追求極致，有著參考團體內公認的地位與文

*4 Sheringham, M.（2000）. *Fashion, Theory, and the Everyday*：*Barthes, Baudrillard, Lipovetsy, Maffesoli.* Dalhousie French Studies, 53, 144~154.

化樣貌；而優質品有著具體的元素，例如：具有價值的、流行的，像是美國品牌Ralph Lauren、德國品牌Hugo Boss，具趨勢導向、非限量供應且品質佳，擁有大眾公認的地位與立即滿足。值得注意的是，從「優質」到「奢華」的發展或移動並不如想像的美好及存在，也就是說，許多優質產品企圖藉由提高價格以達到奢侈品的價位，但如果本質、思維及策略上並沒有實質的改變，也無法晉身真正的奢華品或精品之列；相反的，奢華品牌企圖以向下策略增加銷售、擴大到優質品市場，囿於管理概念、文化、市場的不同，也不見得容易達陣，同時要注意避免為了銷量，而損及奢華品應有的獨特性與價值。猶記得大約2008年前後，雙C大logo的Chanel太陽眼鏡大受歡迎，設計、價格都是一時之選，爾後導致市面上充斥著各式山寨版的產品，Chanel總部決定回收這一系列產品，縱使業績下滑百分之三十多，但為確保終極奢華品牌的地位與定位，也得壯士斷腕，犧牲短期利益。

接著，從時尚、優質、奢華三角矩陣來探究時尚品牌、產品的定位與樣貌，之後還會分別談到及品牌延伸及商品策略。《奢侈品策略》中提出，奢華是一種夢想且令人渴望的，渴望是情緒的一部分、也是人的一部分；優質是實在的並擁有優異品質，功能性佳且有報酬的價值；而時尚是迷人誘惑的，短暫卻有群聚及模仿效應。就相對關係來看，奢華強調無價、傳承、稀少，不具有可比性，如Hermès的柏金包、Dior的高級訂製服；而優質著重的是有投資價值、高品質，具有可比性，如美國品牌Calvin Klein、瑞士品牌Bally皮包鞋履；就優質對比時尚來看，前者的態度講求認

真、嚴謹,後者在表現上是輕鬆的,同時更加個人化、個性化,例如:美國品牌Marc by Marc Jacobs、韓國設計師品牌Playnomore的大眼睛手提包。

最後,就時尚對比奢華,後者的社會地位、記憶度遠高於前者,就像許多個顧客在特殊時刻或節日時,總渴望買個精品禮物慰勞自己,呼應自我獎勵與享樂主義的概念。

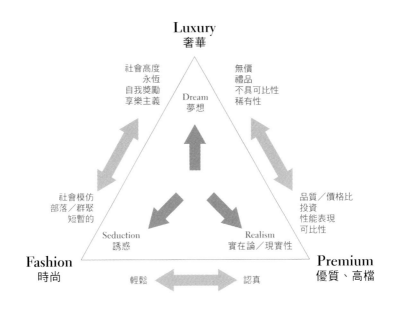

奢華、時尚、優質的定位三角

資料來源:《奢侈品策略》,2012。

三角定位之間的關係是固定不變的嗎？品牌是否可以同時擁有不同的定位呢？在商業、社會環境與科技的快速改變下，是否產生新的定位面向呢？這些複雜的問題並沒有固定的答案，而是因應品牌內外環境的變化進行滾動式修正與調整。來看看德國Hugo Boss的品牌歷史發展，也許可以解答一些疑惑。

　　以窄肩、單排扣西裝外套面市的精緻男性時裝品牌Hugo Boss於1970年代初誕生，七年後註冊為品牌，於1985年在德國證券交易所上市，進入資本市場。1993年，Hugo Boss推出以創新為風格的Hugo和奢華定位的Baldessarini兩個新品牌，形成三品牌策略。不過，Baldessarini系列產品在2006年停售，由Boss Selection取而代之。三年後，手工製作的訂製服Boss Selection Tailored Line問世，完整了三角定位的每個面向。接著，2011年Hugo Boss推出了頂級豪華系列，讓顧客可以自訂西裝、襯衫和領帶，稱為Boss Selection Made to Measure。不過，在多品牌帶來的混淆與壓力下，2013年Boss Selection產品併入Boss系列，以強化品牌的獨特性和清晰度，量身訂製的服務則隱入Boss品牌。在市場的挑戰與連串的嘗試及調整後，時至2017年僅留下Boss和Hugo兩個品牌，根據該集團2018年報顯示，Boss注重品質和精緻的設計，屬於優質品牌定位，Hugo亦立足於優質市場，但該牌提供具有時尚前衛態度的全套剪裁和休閒單品。顯見，Hugo Boss定錨於加大版的優質定位，策略性地將三角定位中的奢華訂製與時尚概念融入優質定位中。

由旅居厄瓜多的華裔所創辦的品牌：La Casa Del Artesano（Lcda 手工藝匠之家），過去曾為Hermès、義大利精品Loro　Piana（諾優翩雅）、義大利家族精品Stefano Ricci（史蒂芬勞‧尼治）代工，爾後決定轉型自創品牌，2014年在臺灣五星級飯店及高檔百貨展店，主要銷售厄瓜多頂極巴拿馬手工草帽、秘魯國寶羊駝毛織品、義大利皇家手工雨陽傘、古巴上等限量雪茄。走進手工藝匠之家，明星商品六、七萬元臺幣的巴拿馬手工草帽琳瑯滿目，講究原料品質與工藝的草帽輕軟有型，人字紋織法密度越高代表品質越好；品牌表示，製作一頂草帽需時6~13個月不等，旅行時可以軟摺收納，甚至可以防水。知名女星林志玲在上海東方衛視明星旅行真人秀節目《花樣姐姐》第三季中，就曾戴著該品牌的巴拿馬草帽外遊，也有造型師特別到該店為客人選購頂級手工帽做服裝搭配。

　　Lcda手工藝匠之家走的是高質感、手工、小眾、頂級精品定位，品牌的首要挑戰在導引顧客理解手工產品的「價值」而不是價格，因此，提供親手觸摸草帽、羊駝製品質感的體驗是必須，尤其每位顧客頭型、大小不一，無法單用大中小的尺寸區分，像這種如同珠寶精於手工的產品，一定要眼見為憑，試戴為先。而「稀有性、獨特性」、「頂級材料與手工」也許是品牌要多下工夫溝通的所在，並且與通路合作提高對目標受眾的能見度，以確保目標顧客了解其奢華定位。

最後，曾異軍突起的快時尚品牌，例如H&M、Zara、Uniqlo或街頭流行潮牌的營運模式不同，並不涵蓋於這個三角定位的討論範圍之內。前面談到的「素食奢華」、「永續時尚」逐漸成為焦點；面對全球氣候變遷、生態、人權等議題浮現，歐美、亞洲都有不少獨立設計師以及時尚大品牌陸續投入永續時尚的發展，如英國品牌Stella McCartney以生態友善的奢華品牌身分為目標，從原料（例如選用從對動物福祉與環境友善小農生產的永續羊毛）、製程、包裝、銷售等每項環節都納入永續的思考，同時結合顧客宣示成為負責、誠實的精品。這項議題影響著整體時裝產業，對於三角定位上的任何一個品牌而言，都是嚴肅而需要面對的課題。

永續時尚（sustainable fashion） ⓘ

又稱為可持續時尚。服裝產業是全球汙染最嚴重的產業之一，永續時尚的目的希望改變整個時尚產業的生產、製造、營運、配銷觀念，不僅是紡織品或產品需要採用永續的方式生產，整個時裝生態系相關的上、中、下游配套產業都要共同參與往永續方向轉變。

7　超越想像：高級訂製的象徵與魔力

高級訂製服的魔力在於任何事都是可能的。這是個神祕世界，
僅為特殊的個人所打造。

法國時裝設計師 | Alexis Mabille

在追求個性化的今天，「訂製」或「量身打造」成為可彰顯自我風格的選擇。訂製追求的是符合個人生活的概念、型態與風格。不同的行業都可提供訂製產品與服務，打破既定標準作業，滿足顧客追求獨特的需求。

運用訂製概念滿足顧客的個性化需求

在時尚大眾化的時代，訂製成為設計師或品牌開拓業務的另一手法，在訂製的成本光譜中，品牌運用創意、透過部分自動化外包，為追求個性化顧客實現訂製渴望。以義大利品牌Prada為例，2018年Made to Order Pumps在臺灣推出訂鞋款製服務，19種鞋型、9種鞋跟高度、15種皮革材質和7款品牌經典印花圖紋，顧客可以在兩千多種組合中進行訂製選擇，約莫12~15週後可以拿到專屬自己的訂製鞋，價格約從臺幣兩萬七千元起跳。2017年

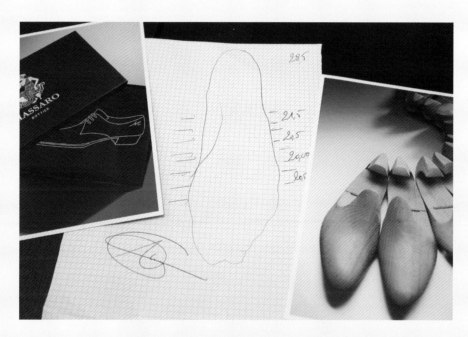

創立於1894年、位於巴黎市區的Massaro鞋履（手工）工坊，於1957年時曾為香奈兒女士設計第一款雙色鞋，後成為經典之一，工坊也為許多名流如溫莎公爵夫人、伊莉莎白‧泰勒、時尚大帝卡爾‧拉格斐訂製鞋履。

Gucci以龐克文化為靈感的DIY個性化訂製服務，強調穿扮跳脫制式，讓Gucci粉絲當自己的設計師，以品牌訂製圖騰、標誌性條紋、字母、貼飾等元素訂製單品，包括男裝、男女鞋款、竹節包等。

隨著品牌定位往訂製光譜的高端發展，全手工訂製就更加珍貴稀少，一般時尚精品店陳列的服裝稱為「高級成衣」（Ready-to-wear），而「高級訂製服」（Haute Couture）則是三角定位中奢華品牌的極致表現，其概念有時也會延伸到同品牌的高級成衣系列。

高級訂製服和高級成衣最大的不同在於，成衣以標準尺寸設計，所謂訂製，顧名思義就是先訂後製，設計師們先設計出雛形，再根據每位顧客的身形及喜好改良，每件高級訂製服都隱藏著獨特故事，也因為過程中需要數週至數個月的等待時間，穿上設計師客製化服裝的喜悅，是訂製服裝無法被取代的價值。高級訂製服承載了品牌精神、精緻的傳統工藝、設計師沒有極限的想像、顧客的性格和只為某一個人而存在的浪漫，也因此成為VIP或名人在星光紅毯、婚禮、社交晚宴等重要時刻的夢想款。如同Lady Gaga於第75屆威尼斯影展中選穿Valentino 2018/2019秋冬系列高級訂製服，粉色羽毛禮服成了紅毯記憶點，Valentino品牌也獲得全球曝光。紅毯，也是時尚品牌兵家必爭之地。

高級訂製服——服裝界的頂級工藝

「高級訂製服」是上流社會及影視服裝史的縮影，起源於

1858年巴黎的NO. 7 Rue de la Paix首間為客人量身訂製的「服裝店」（Couture House），經營者Charles Frederick Worth不僅為王公貴族一改當時誇張且不便利的禮服風格，更善用奢華昂貴的面料搭配精緻剪裁設計服裝，並首創以模特兒展示服裝，讓顧客於現場指定修改方式。在十九世紀中期鼓勵現代化及振興經濟的法國，這種訂製服裝受到皇室的支持、上流名媛的愛戴。

Charles Frederick Worth積極地推廣量身訂製的精神，「時裝設計師」、「時裝品牌」、「服裝單品」等概念，都是由他開始。1945年，「Haute Couture」一詞正式註冊成為受到法律與政府保護的專業、專有詞彙，也成為法國巴黎時裝界的傳統[*1]。

高級訂製服強調追求百分之百手工、講究細節，設計師需投入大量人力、財力、物力追求頂級服裝設計工藝，如同藝術品一般。設計師不斷追求創意，例如不對稱剪裁、異材質拼接、立體感呈現、手工亮片與珍珠刺繡及特殊面料之運用等。不過，這些不惜工本的投入，未必能創造相對營收，部分時裝品牌因而放棄高級訂製服，全心發展能帶來業績的高級成衣。而少數品牌如Dior、Chanel、Armani等，在堅持工藝傳承精神以及呈現設計師理念下持續投入。也有追求精緻、藝術的狂想品牌如Jean Paul Gaultier與Viktor & Rolf，看準高級訂製服市場獨一無二、特殊的與消費者溝通方式與品牌效益，於2014年宣布關閉成衣市場，專心發展高級訂製服。也顯見不同品牌在三角定位中嘗試、磨合，企圖找到最適的定位。

*1 Ariel Lin, & Maggie Lee.（2017）.〈Haute Couture高級訂製服歷史〉Retrieved 27 November 2019, from https：//www.harpersbazaar.com/tw/fashion/trends/news/a1406/haute-couture-history/

獨一無二的堅持讓高級訂製服更具收藏意義

高級訂製服的做工、縫製精細，也相對脆弱，運送、試穿、拍照時，需十分小心，部分訂製服甚至在走秀結束後就拆解，部分具有品牌傳承性或特殊意義的訂製服裝則會被保留下來，作為品牌典藏。如2004年Chanel No.5香水廣告片中，女主角妮可·基嫚（Nicole Kidman）所穿的粉紅色羽飾長禮服，柔美飄逸，做工繁複，出自卡爾·拉格斐之手，後來成為品牌收藏。此外，高級訂製服秀上的作品是不出售的，因其獨特性、稀有性，國際時尚雜誌的封面人物拍攝或國際頒獎典禮走紅毯的明星，都會爭相向高級訂製服品牌商借服裝，品牌對於出借的對象、場合、活動時間長短等也格外要求，通常能穿上高級訂製服的明星都必須具有一定的影響力，不僅需形象正面、氣質佳，同時還要身材姣好才能擠進模特兒尺寸的服裝，拍攝或穿畢後立即歸還。

高級訂製服的「顧客服務體驗」及「彰顯個人特色」

有興趣購買高級訂製服的客人，必須親自量身訂製，從量身、試穿、修改，至少需要三個月時間，顧客須來回工作室多次才能完成整個流程，高級、奢華、專人服務的體驗，就在這個過程中展露無遺。高級訂製服的價格也遠高於高級成衣，一件做工簡單的訂製小洋裝至少從臺幣二十五萬起跳，若加上珍稀材料，上百萬臺幣也不為過。

2018年，Dior時尚總監Maria Grazia Chiuri基於她與義大利知名時尚意見領袖Chiara Ferragni長期工作關係及多年的友誼，親自為她設計高級訂製婚紗。

第一套白紗表現Chiara浪漫前衛、年輕的個人特質，使用融合威尼斯式蕾絲技巧的鉤針編織蕾絲製作連身短褲，並以開叉的多層薄紗做裙襬，凸顯新娘雙腿，用了超過一千三百英尺的薄紗層疊，花費超過一千六百小時製作。另一套修改自2017年春夏高級訂製服，以手工分層刺繡繡上老公的求婚歌詞、一起生活過的所在地標以展現層次感，兩套禮服述說不同的故事，當Chiara看到禮服時不禁喜極落淚，這對Dior言，不僅賺到裡子，更讓品牌在IG上洗版。Chiara的IG追蹤人數超過一千七百萬人，品牌效益不可言喻。

從高訂看品牌動向：亞洲市場、年經世代

近幾年，亞洲富豪快速增加，為配合高級訂製服海外展示活動，工作室的專屬高級裁縫會飛到上海、首爾等國際都市為頂級貴客服務，減少顧客長途飛行的次數，增加成交機會。

媒體報導指出，千禧世代的消費者在乎消費體驗已經大過產品本身，高級訂製服的客源及收藏者也已經轉向喜歡頂級時尚及獨一無二的千禧世代名人、皇室後代、歌手、明星。亞曼尼先生於2014年初曾對媒體表示：「高級訂製服向來是針對金字塔頂端的

客人，我在訂製服系列中加入配件商品，期望與受眾產生共鳴。」而企圖融合奢華與地方文化特色、年輕流行元素的Valentino於2019年底在頤和園發表的高級訂製服「Daydream」系列，將義大利工作團隊移師北京，設計中加入中國文化元素，展現跨文化能力。首席執行長Stefano Sassi表示，顧客越來越關注品牌帶來的象徵地位、手工藝、質量與細節，或許購買高級訂製服的人數有限，但卻更能讓受眾認識品牌的靈魂。

時尚大帝卡爾·拉格斐曾在2016年《英國每日電訊報》（*The Daily Telegraph*）訪問中提及，以前，一位美國顧客一次購買五件高級訂製服，就能算是品牌最佳VIP，現在，來自中國、日本、韓國、中東等國家的客人，可能五分鐘內就訂購了二十套[*2]，顯見高級訂製服的市場轉移。目前，高訂的全球顧客大約有四千位，例如中東的卡達傳奇王妃謝赫·莫扎（Sheikha Moza），公開出席活動幾乎都是穿著高級訂製服及纏繞頭巾以呈現中東王妃的獨特風格，甚至還在2012年收購Valentino。儘管一直有人預測高級訂製服會走向沒落，但只要有追求唯一、獨特的顧客，高級訂製服的魔力及價值就依然存在。

*2 Justine Picardie.（2016）*A client will buy 20 dresses in five minutes*：*Karl Lagerfeld on the rise of the new couture client*. Retrieved 18 December 2019, from https：//www.telegraph.co.uk/fashion/people/a-client-will-buy-20-dresses-in-five-minutes-karl-lagerfeld-on-t/

成為「高級訂製服」的條件

全球時裝品牌不勝枚舉，但只有符合以下條件且通過高級時裝和時尚聯合會（Fédération De La Haute Couture Et De La Mode, FHCM）*3 的審核，才能稱為高級訂製服：

① 為顧客進行量身訂製的手工服裝（made-to-order），顧客需在設有至少15名以上全職員工之專屬工作室（atelier）進行一次或以上的試穿。

② 每間工作室裡需有至少20名的全職技術匠師。

③ 一年舉行兩次（1月和7月）高級訂製服時裝秀，展示至少50套原創設計手工縫製的日裝或晚宴服。

高級訂製服會員分為3種

① Haute Couture members

必須是法國品牌如Chanel、Givenchy、Dior、Jean Paul Gaultier等。

② Correspondent members（準會員／境外會員）

工作室非設立在法國的品牌，如Giorgio Armani Prive、Valentino、Versace、Fendi Couture等。

③ Guest members

要受到正式會員邀請才能進入高級訂製服行列的品牌，像是2015年歌手蕾哈娜在出席Met Gala時穿著一襲討論度極高的黃色訂製服的品牌Guo Pei，以及英國皇室名人梅根（Meghan Markle）訂婚時所穿的婚紗品牌Ralph&Russo等。

高訂品牌可能因為每年審核機制或品牌政策而有所更動，以上為2020年高級訂製服名單中的品牌。

---

*3 FHCM.（2019）*Haute Couture - Fédération de la Haute Couture et de la Mode.* Retrieved 27 November 2019, from https：//fhcm.paris/en/haute-couture-2/

Rolls-Royce

據報導，曾經有臺灣車主以保育概念特製的「臺灣藍雀」款Rolls-Royce（勞斯萊斯），Rolls-Royce英國公司特別派員到臺灣與車主溝通，運用兩年時間打造出全球唯一訂製款「The Blue Magpie Phantom Drophead Coupé」。如果說高級訂製服是女人的夢想，那高級訂製車大概就是男人的夢想吧！車，也是精品市場常被熱烈討論的話題，高級房車、超跑，主攻的都是金字塔頂端的客群，他們不把車子當成交通工具，而是一種象徵、收藏，甚至是一種休閒娛樂，因此更講究獨一無二。然而客製化除了內裝配件可以任意搭配，更有如同高級訂製服般的頂級車款像是Rolls-Royce、Bugatti（布加迪），不斷發表新品，強調科技帶來的新奢華感受之外，更主打讓顧客自己當設計師的「高級訂製」體驗，從決定下訂開始就進入奢華的訂製旅程。

Rolls-Royce一直都是英國皇室御用汽車，無論是伊麗莎白二世女王登基，還是威廉王子與凱特王妃的婚禮，都能看見勞斯萊斯的身影。而勞斯萊斯的訂製部門更是和高級訂製服一樣強調「完成顧客的狂想」，讓車主參與設計，展露獨特品味。從車內木飾版、內裝皮革、車漆都可以提出想法讓工匠去

設計，然而複雜的技術設計與溝通比高級訂製服還要費時，可能花費數個月甚至數年，但交車的那一剎那，就是夢想成真的時刻。

2019年，一輛「Rose Phantom」成為了Rolls-Royce的訂製經典。該款訂製車是瑞典斯德哥爾摩的企業家Ayad Al Saffar所訂製，Saffar非常鍾情花卉，他的夢想就是在乘車時，能體驗被花朵簇擁的感覺。「Rose Phantom」的玫瑰樣式特別講究，來自於位在英國古德伍德（Goodwood）鎮Rolls-Royce總部花園之特有品種，稱為「幻影玫瑰」（Phantom Rose），是由英國玫瑰育種

師Philip Harkness專門為勞斯萊斯培育的花卉。Saffar在設計內裝時，女兒Magnolia替他挑選了孔雀藍色玫瑰圖案，繡滿車內的玫瑰花營造出浪漫氛圍，包括頂篷、中控臺、車門內飾版、甚至儀表板處處可見幻影玫瑰，這些圖案隱含著在不同生長階段花朵的故事，花朵之間，還有阿多尼斯藍蝴蝶（the Adonis blue）翩翩飛舞。

勞斯萊斯替Saffar打造的移動式私家花園，將每個細節發揮極致。設計出具個人故事的產品是「高級訂製」最大的意義，為顧客創造感動，也鞏固夢想品牌的地位。

8 經典不敗的鎮店之寶

時尚易逝，風格長存。

Chanel品牌創始人｜Coco Chanel

品牌經營最重要的關鍵就是「經典產品」，也是行銷人員常掛在嘴邊的「首先想到的」（top of mind）產品與服務。例如Burberry的風衣、YSL的煙管褲、Issey Miyake（三宅一生）的皺褶衣，談的就是該牌具有典範性的、權威性的產品，歷久彌新是其重點，並具有長銷性質，產品的誕生往往具有實用、功能性價值，同時也是品牌特色。這些時尚經典商品通常占所有產品銷售組合的30%，每一季都會推陳出新，以不同的樣式、材料、尺寸、顏色等來吸引新客上門及老主顧回購。時尚產品需要引領趨勢潮流，經典款產品也要與時俱進，搭配當季產品，相互映襯。這樣的組合會反映在精品店中的產品陳列，顧客的消費清單中，以及業績報表數字上。

經典產品的四大關鍵

產品要如何成為經典呢？通常有幾個特質：其一，產品的

獨特性與原創性；其二，產品本身品質優良且做工精細；其三，產品具有豐富的故事性；其四，產品價格歷久不衰。以法國品牌Hermès的絲巾為例，從1937年印製第一條絲巾至今已有八十多個年頭，每年春夏及秋冬都會發表絲巾系列，產品的特色在於手工製作，從設計到完成需經過七個步驟，耗時約兩年，絲巾的圖案部分以經典圖案（馬術、馬匹）重新上色為主，部分為每季新的主題，例如大自然中的植物或動物、一個季節、一段旅程或某個文化圖騰等，每條絲巾可以染上20~40種不同的色彩，印刷著色、潤飾加工後，還以人工捲邊及品管收尾。絲巾算是進入Hermès的入門產品，一條要價臺幣一萬五千元左右。2013年春季，Hermès推出與日本設計師川久保玲異業合作的限量絲巾，黑白系列價格約臺幣一萬五千元，彩色系列價格上看六萬多元，不僅造成話題，也成為愛好者的收藏。

　　品牌如何呵護經典產品？Hermès設計部門以9~12個月專注於絲巾主題圖案概念與定稿呈現設計原創性，多數Hermès工匠皆有二十年以上資歷，技術純熟以確保產品品質，Hermès每一季不斷將經典圖案及新圖並陳，反覆述說品牌故事及設計概念創造話題，甚至異業聯名或舉辦絲巾展活動，例如傳授絲巾的各式使用方式、法國工匠展示絲巾印製技術等，創造與顧客的深度接觸，冀望透過品牌活動深化形象，增加買氣，維繫產品價值與價格。

說得出名字的夢幻逸品，背後都有一個故事

　　經典產品的定位通常都會是該品牌的「夢幻逸品」（dream

product）、具有歷史，且與品牌創辦人息息相關，因此也是品牌極力維護的資產，在維護上有嚴格的品牌規範、指導，以保護其經典地位，在論述上則會將該產品故事不斷重複，並強化其正統性。然而，「經典」並不表示維持現狀，反而需要與時俱進或重新演繹。從行銷的產品週期理論來看，產品會經歷五個階段，包含導入期（fashion active：style leaders and early accepters）、成長期（rise）、成熟期（maturity）、衰退期（decline），最終淘汰（obsolescence）*1，經典產品通常在第三個階段就會再度起動另一波新風潮，作法是在維持品牌DNA的前提下，將經典因應時代潮流加入創新元素，進行再詮釋，行銷與宣傳上也會採用新一輪的敘事，創造當前的「時代記憶」。

以Burberry為例，創辦人Thomas Burberry發現在牧羊者及農夫身上的麻質罩衫有冬暖夏涼的特性，於是研發出斜紋防水紗，製作成風衣、軍服，爾後1924年，Nova招牌格紋誕生（駝色、黑、紅、白相間），舉凡風衣、包包、鞋子等，都可見到品牌視覺象徵，就算沒看到手持盾牌的騎馬武士logo，也可從格紋一眼認出Burberry，這也是品牌成功的要素。然而品牌的發展並非一帆風順，1940年代的電影《北非諜影》（*Casablanca*）及1960年代的《第凡內早餐》（*Breakfast at Tiffany's*）讓Burberry成為影視名人、政商名流及皇宮貴族的愛牌，Burberry風衣兼具質感與時尚也在1955、1990年獲得英國皇家認證。然而，紅極一時的產品卻因沒有太大變化，於1990年代走入低潮，當時社會出現hip-hop、重金屬等多元潮流文化，年輕人對於Burberry風衣的聯想是爺爺奶奶的服飾，

---

*1 L. Drew, & R. Sinclair.（2014）. *Fashion And The Fashion Industry*. In R. Sinclair, Textiles and Fashion（1st ed., pp. 637~639）. Woodhead Publishing.

加上招牌格紋遭到大量仿冒，品牌價值逐漸降低，也落入衰退期。

2001年，Christopher Bailey擔任Burberry設計總監，調整產品設計走向年輕化，經典格紋不再高調出現，另搭配絲綢、金屬、皮革、鉚釘等異材質為風衣變身；又與名人合作帶起風衣穿搭風潮，包括艾瑪・史東（Emma Stone）、艾瑪・華森、侯佩岑都是品牌愛好者。Burberry靈活運用O2O（線上線下）活動，無論是實體店中的體驗或線上預約、個人化售後服務、直播、串聯社群平臺，堪稱使用數位科技的時尚品牌先驅；2017年新執行長上任，強化教育訓練、IG與App經營、客戶體驗、零售通路與電商，逐漸轉型，2018與2019年關鍵財務數據也支持了轉型成效。如今Burberry已脫離老氣標籤，成為最會玩數位的時尚品牌之一。

不同於單季單品賣完即止，經典產品如Burberry風衣的經營，需從獨特性、原創性出發，串起跨時代的故事，加上有力單位或人士的背書（例如：皇家認證），遂能成就不敗。然而，面對跨世代的消費行為與傳播工具改變，經典英倫風貌需要與時俱進、再詮釋，結合數位創意及線上線下行銷，增強消費者互動，創造新的時代意義，讓經典再起。

不斷更新對品牌的記憶

創意來自於生活與觀察，設計是為了解決問題。成功演繹跨時代經典Chanel的斜紋軟呢外套（tweed jacket）值得我們探討。展現女性的優雅與自信，是大部分人對於Chanel的品牌印象，香奈兒女士曾說女性要展現優雅，關鍵在於服裝穿上後能不能活動

自如，斜紋軟呢外套的原型來自於香奈兒女士的英國男性友人西敏公爵的衣服，她認為男裝的材質及剪裁對於熱愛工作的她來說更加舒適，為了工作方便，她在外套上縫上口袋，以便放置工作用的針線等工具。1925年的一次小型展覽上，斜紋軟呢外套首次亮相，她喜歡從男士的衣櫥中尋找靈感的故事也益發吸引人[*2]。

　　經典的香奈兒斜紋軟呢外套除了有浪漫的故事、原創及實穿

Chanel「工坊」　　　　　　　　　　　　　ⓘ

Chanel品牌自1985年起開始收購小型專業工坊，現在已多達26間而且持續增加中，旗下的專業工坊包括帽子工坊Maison Michel、鈕扣暨珠寶配飾工坊Desrues、羽飾山茶花工坊Lemarie、刺繡工坊Lesage、鞋履工坊Massaro、珠寶金銀配飾工坊Goossens、手套工坊Causse等，為Chanel品牌提供精緻工藝手工，但又各自獨立經營。

性外，關鍵軟呢材質是由專屬布料廠商研發，做工精緻，運用於高級成衣；至於高級訂製服系列的軟呢會加上百年「刺繡工坊」混合不同材質交叉編織而成。外套鈕扣也有典故，每季由香奈兒「鈕扣暨珠寶配飾工坊」設計專屬的新款，如果不幸遺失了鈕扣就只有一顆備用扣[*3]。剪裁上，斜紋軟呢外套承載香奈兒女士強調的修身、舒適的精神，為了保持立體與垂墜感，一件外套會採用十六片裁片（一般外套只有四片）與縫製下襬鏈條，長年維持臺幣十幾二十萬元起跳的價值。如何屹立不搖呢？隨著香奈兒

*2 Vienna Vernose（2019）. *The History of the Chanel Tweed Suit*. Retrieved 28 November 2019, from https：//www.crfashionbook.com/fashion/a26551426/history-of-chanel-tweed-suit/

*3 Hsieh, K.（2019）〈原來CHANEL山茶花、經典毛呢都在這裡做的！這篇帶你認識香奈兒所有Métiers d'Art工坊〉Retrieved 6 August 2020, from https：//www.elle.com/tw/fashion/issue/a28194035/chanel-all-maison-dart/

女士的逝世，品牌也一度落入衰退狀態，一直到1983年卡爾·拉格斐擔任創意總監，才令Chanel回春。不論是卡爾·拉格斐還是2019年接任的Virginie Viard，都在軟呢外套的材質及剪裁上更新，強化時代感。精於辦秀的Chanel每季都以新穎的方式訴說服裝的故事，持續累積品牌資產。即使透過設計讓經典呈現不同面貌，品牌還有可能因社會價值而造成「延遲購買」的現象。進入二十一世紀，Chanel的品牌團隊發現顧客年齡有上升、老化的趨勢，主因來自年輕世代認為Chanel是屬於媽媽級的服裝，又或認為是四十歲後為了展現經濟及社會地位才會購買的品牌。為扭轉此一形象，卡爾·拉格斐找了前法國《Vogue》總編輯Carine Roitfeld合作，拍攝了113張全球跨界、跨性別、跨年齡的名人照片，在東京、臺北、紐約等地以世界巡迴攝影展方式開放民眾參觀，每位名人（例如：周迅、小野洋子、Sarah Jessica Parker等）都穿著同一款式的香奈兒小黑外套，藉由造型凸顯個人風格與經典外套的結合，呈現外套的年輕、多變。攝影展於世界各地展出時，品牌創造了與顧客、媒體、名人與潛在消費者的對話平臺，讓服裝走出店外，以攝影作品親近大眾，並試圖證明同樣一件Chanel的軟呢外套穿在不同人身上，能展現出不同的個性與風格。

如同經典老歌值得回味，經典產品得有禁得起時空考驗的高識別性及清晰的品牌DNA，還有保值的實質或心理作用，甚至傳家意涵。不敗的經典是由內而外、從細節到整體，幾代人的長期用心經營與不遺餘力的呵護，才能真正成就風格永存。

Chanel小黑外套攝影展。2012，臺北。

9 奢華品牌的金字塔延伸策略

生命中最好的事物是無價的，而次優的則非常昂貴。

Chanel品牌創始人 | Coco Chanel

　　如果說時尚是表達自我的延伸，那麼，高端國際時尚品牌（奢華品牌）的延伸又代表了什麼呢？

　　從高端國際時尚品牌的歷史軌跡觀察，這些品牌剛開始多半服務「快樂的少數」顧客，物稀為貴的產品僅為這些富有的顧客生產。以行李箱起家的法國品牌LV，自1850年代開始就生產許多不同功能的皮箱，當時的客戶多是皇室貴族為了出行之用，1892年推出手提包產品，進入二十世紀，車用皮箱、裝載及保存香檳的箱包、運動型箱包陸續問世，二次大戰之後，LV開始投資其他領域並陸續在亞洲、中東拓點，擴大銷售，1987年，LVMH精品集團正式成立。對於奢華品牌或大型精品集團而言，創始之初的高端產品規模小，隨著生意版圖開展與市場需求，採用「豐富的稀有」（abundant　rarity）策略[1]，由起家的核心業務逐漸擴展品項，試著服務「快樂的多數」顧客，就成為一項務實又不會傷害品牌權益的方式。

---

[1] Kapferer, Jean-Noël, & Laurent, Gilles. （2016）. *Where do consumers think luxury begins？A study of perceived minimum price for 21 luxury goods in 7 countries.* Journal of Business Research, 69（1）, 332~340.

每個品牌的起家不一，選擇擴展的步驟通常跟隨著核心能力，經由向上或下垂直擴展到更多元、實惠的商品，業務範圍擴大卻又不失原有定位，如同LV不斷強調「旅行」的概念一般。品牌擴展的方法包括品牌延伸、品牌併購、品牌授權等，這裡，探討品牌延伸策略中的「垂直擴張模式」，下一課再談「水平擴張模式」。

金字塔模型：從奢華品牌的夢幻高端向上追求極致或往下擴大入門市場

典型品牌延伸策略「垂直擴張模式」，如同「金字塔」般從頂端的純粹創作、獨特且非常昂貴的手工產品往下延伸，接著開發小系列的限量產品，之後，再往更大的系列或者是主打產品類別（即品牌所主推的市場性產品）前進，最後走向大眾市場[*2]。金字塔模式是垂直的由塔端向下延伸或發展副牌，不同品牌向下延伸的程度、品類、價格皆有所差別，與此同時，頂端的品牌價值就更要細心維護，且持續強化品牌的識別、形象與個性，令延伸有所本。

最典型的例子便是義大利奢華品牌Armani，亞曼尼先生在1980年代所設計出的大墊肩、硬線條「權力套裝」風靡一時，中性風格協助女性提升職場地位，其次，亞曼尼先生擁有大量影藝資源與好萊塢明星的支持，他也曾經登上《時代》雜誌封面，各項成就殊榮都成為Armani品牌的無形資產。無形資產越多，延伸的空間越大，因此可看到Armani旗下有眾多延伸品牌，諸如Armani Privé、Giorgio Armani、Emporio Armani、Armani

---

*2 《奢侈品策略：讓你的品牌，成為所有人奢求的夢想》（2014）Vincent Bastien, Jean-Noel Kapferer。商周出版。

Collzione、Armani Jeans、Armani Exchange等，根據價格分層以及目標對象進行分類，試圖以連串的延伸，上攻頂級顧客、下抓年輕消費群。

權力套裝（power suit） i

在性別混淆的1980年代，Giorgio Armani所設計大墊肩、硬線條的「權力套裝」，中性色彩濃厚，剪裁打破陽剛與陰柔界線，對許多職業婦女來說展現了尊嚴與領導力。

　　亞曼尼先生親自主導前三項高價品牌，其餘則由設計團隊負責，銷售上，三個品牌都有各自的精品店或通路以服務不同客群。如此的品牌結構，由於產品與價格帶擴大，如何照顧好金字塔端的頂級客群，並保有奢華品牌所具有的稀有性及獨特性是很費心的，另一項挑戰是消費者不理解各延伸品牌的異同與區隔而造成混淆。這個架構施行多年後，成效不如預期，因此亞曼尼先生宣布自2018年春季起，將Armani Jean及Armani Collezioni整合進三個主線：Giorgio Armani、Emporio Armani、A|X Armani Exchange*³，這項改變解決了差異不明顯的品牌模糊問題，服裝系列得以延續至各種類別因應顧客「混搭」的需求，以及進行更有效的全球傳播與行銷。

　　另一種採取金字塔模型的高端時尚品牌，選擇積極發展高級訂製服務系列或純手工的訂製品，目的在於以稀有、量身訂製的服務與產品來鞏固最上層的顧客及彰顯品牌形象。以Chanel為

---

*3 BeautiMode（2017〈Giorgio Armani宣布重大策略轉型：Armani Collezioni以及Armani Jeans將被整併〉Retrieved 6 August 2020, from https：//www.beautimode.com/article/content/82892/

例，從1985年起陸續收購下法國二十多家工坊，除了保留獨特的法國工藝，也將這些工坊的工藝發揮到高級訂製服及工坊系列服裝，一方面提高服裝價值，也拉開與其他品牌的距離。這些「衛星」工坊除了為Chanel服務外，也替其他品牌或顧客服務，例如：在巴黎的Massaro鞋履工坊，就曾經為教宗若望保祿二世與美國歌手Lady Gaga製作訂製鞋；Lemarié羽飾工坊也替義大利品牌 Valentino及英國品牌Alexander McQueen服務。

奢華品的「副牌」策略，擴大消費族群

副牌指的是在同一類別當中，以多品牌的策略思考逐漸形成。多品牌出現的因素很多，包括增加店點、增加線上購物的露出機會、增強百貨零售商對該品牌們的依賴、吸引尋求變化的消費者，在企業內創造競合效果；多品牌的好處在於經濟規模擴大，就原物料、人力、銷售、廣告投資以及實體通路上，擁有較佳的談判籌碼。通常在一線品牌外的二線或三線副牌，價格逐漸降低，以達到親民效果。有時，支線品牌也會有異想不到的好表現。

時尚精品集團

i

除了前面介紹過的LVMH與開雲集團，全球三大時尚精品集團還有歷峰集團（Richemont）。歷峰集團擁有許多世界知名的奢侈品品牌，例如：Chloé、dunhill、Cartier等，經營銷售高級鐘錶、珠寶、服飾、皮件、配件等精品，總部位於瑞士。

例如1952年由Gaby Aghion創立的Chloé法國精品品牌，率先推出革命性的奢華成衣概念，將訂製時裝的精巧工藝帶給廣大群眾，使該品牌成為第一個專門銷售成衣的巴黎高級時裝品牌。有著巴黎式的雅致風韻的Chloé，以幽默、多變、浪漫、優雅、從容等面向詮釋女性獨特魅力，Chloé也因丹寧和針織系列而大放異彩。為了讓品牌代表性的衣著得以傳承延續，2001年，價格平實的See By Chloé副牌誕生了，Chloé嘗試在打破傳統的設計與商業實用價值中取得平衡，也為See By Chloé奠定了年輕、活潑的品牌形象，並隱含著Chloé的身影。See By Chloé的品牌定位，在2005年以富有個性且前衛的女孩逐漸發展成型，除原有的活潑俏麗氣息、單寧系列時裝外，多樣材質變化的時尚裝束更增添幾分女人味，正式成為Chloé旗下副牌，副牌的親民價格定位也讓See By Chloé吸引了想要有點奢華味的年輕女性追逐。

　　隨著潮流市場的興起與消費行為的改變，有部分品牌的支線比主線還要火紅。日本設計師川久保玲在1967年創立Comme des Garçons品牌，實為一個時裝大家庭。2002年，當中的一個支線Comme des Garçons Play系列與歐洲塗鴉藝術家Filip Pagowski合作，以街頭潮流風的大眼睛紅心為標誌，簡約的針織衫綴上心形圖案，包括連帽衫、鈕扣領襯衫和Converse All-Star聯名運動鞋等單品，走美式休閒女裝風格，成功抓住年輕人目光。

　　日本品牌Issey Miyake的支線Bao Bao，最初的構想來自西班牙的畢爾包古根漢美術館的外型，利用三角形結構的特點，

將菱格片轉換為立體的手提包，製造過程中還發出「嗶波」聲音類似Bilbo（畢爾包）的發音，在2000年以Pleats Please Issey Miyake的副線面世，鎖定開發易入手的包款而非時裝。其產品在大街小巷、年輕人的市場裡非常搶手，除了擁有母品牌的名氣，高辨識度、易搭配與輕易入手的價格，最終於2010年秋冬系列中，正式成為獨立品牌。在logo設計上則是活用包款上的三角幾何圖形排列出「Bao Bao」字樣，包款也從手提包發展到後背包、手拿包及迷你包，原創設計歷久不墜。

副牌發展茁壯，成為別具「核心價值」的「品牌」

前面曾提到，品牌併購也是增加銷售的方法，1913年創辦至今已一百歲的義大利品牌Prada曾經購買過其他品牌（例如：極簡主義的德國品牌Jil Sander），但很快就又賣出，問題在於買下擁有別人基因的品牌，在適應及改變的過程中困難重重。根據關聯網絡記憶模型（Associative Network Memory Model）[*4]，每個品牌名稱都與消費者記憶中的態度，形象／關聯或評價相關聯。因此，現任Prada創意總監Miuccia Prada選擇創建一個屬於自己理想的品牌，希望跳脫出祖父在Prada女裝的材質選用、剪裁以及品牌歷史傳承——成熟仕女風格的設計包袱。1992年她用小名Miu Miu命名成立新品牌。在Miuccua Prada的心理，有一個小女孩般的夢想，她運用遊樂場的概念，設計了娃娃裝，將小女孩的東西穿戴在大女生的身上，融入了奇幻的感覺，也造就Miu Miu是一個既性感又優雅、純真又繁華、充滿個性及對比風格的品牌。

---

*4 Eren-Erdogmus, I., Akgun, I., & Arda, E.（2018）*Drivers of successful luxury fashion brand extensions：Cases of complement and transfer extensions.* Journal of Fashion Marketing and Management, 22（4），476~493.

Issey Miyake的支線Bao Bao，最初的構想來自西
班牙的畢爾包古根漢美術館的外型，利用三角形
結構的特點，將菱格片轉換為立體的手提包。

然而，Miu Miu的品牌之路也是經過一番磨難才有今日的成就。原本被視為是義大利品牌Prada副牌的Miu Miu，在米蘭時裝週中，通常都是接在母品牌Prada服裝秀之後的三、四天才舉行，對Prada集團來說，如此配置，人力、物力、預算都可以發揮到最適經濟規模；不過，在定位及區隔上，卻因為鮮明的母品牌光環而無法清晰地彰顯Miu Miu的自我風格，對新品牌發展相當不利。為了突破這個困境並栽培Miu Miu成為一線精品，Miuccia不惜成本與代價，下了非常大的決心，將服裝秀勞師動眾從米蘭搬到巴黎，澈底將讓兩個品牌從秀場的選擇就開始脫鉤。到巴黎，從秀場的尋找、模特兒的面試、餐點服務、工作人員的差旅，以及面對巴黎時裝週主辦單位安排排秀日程的討論等，大費周章，終於在巴黎的左岸找到了一家古老的餐廳作為秀場。因為這樣的投資與努力，還有以明星為主的形象廣告等支援，終於以年輕女性為對象的Miu Miu走出了青春義式風格，成為Prada集團中的一個獨立品牌。

　　從品牌組合的角度來看，一家企業在一個產品類別（服飾）中，如何將品牌權益極大化的能力，是評估品牌組合的條件。理想上，每一個品牌都應極大化其品牌權益，同時又不會減損或傷害其他副品牌，而如何使奢華品牌最重要的創意、優越性與獨特性元素源源不絕、避免枯竭的努力，則是支撐金字塔策略的基石。儘管各品牌與旗下子品牌的定位與策略不同，降價或低價銷售也會破壞品牌價值，多重品牌的運作需要更策略性的布局，像是嚴格區分顧客與銷售通路、小量生產或創意商品開發等方式，才能在不同的市場區隔及不同的領域攻城掠地。

10 奢華品牌銀河系的水平拓展策略

時尚最難的不是以標誌而聞名，而是以作品輪廓而知名。

義大利時裝設計師 | Giambattista Valli

香奈兒女士很早就意識到品牌擴張的重要，1910年以帽子起家，1913年第一家高級時裝店成立，1921年推出經典Chanel　N°5香水，從材料選擇與組合、瓶身設計等，N°5香水依循奢華風格準則面世，這應該是時尚品牌水平擴張的首例。不同於金字塔式垂直延伸，水平擴張是用已建立的品牌名稱進入新的產品類別，延伸到其他產品領域──從服飾到香水，從皮革馬具到絲巾，或其他有品牌logo的配件、眼鏡、手錶、保養品等產品。義大利品牌Ferrogamo、Gucci原為皮件商，進入鞋履製作，又延伸到高級時裝；Dior則由高級訂製服擴展到高級成衣、化妝品。不少時尚品牌還開設頂級度假飯店、跨足咖啡廳、餐廳、家具甚至經營博物館。它們都有幾個共通點：長時間累積與開拓品類經營、深厚的品牌文化與優異的營運品質，充分符合「品牌概念一致性理論」（Brand Concept Consistency Theory），即透過共享圖像或邏輯契合的通用概念來獲得顧客的認可[1]。

---

[1] Eren-Erdogmus, Irem, Akgun, Ilker, & Arda, Esin（2018）*Drivers of successful luxury fashion brand extensions：Cases of complement and transfer extensions.* Journal of Fashion Marketing and Management, 22(4), 476-493.

這種水平式的擴張在《奢侈品策略》一書中稱為「銀河模式」，能接觸到更多元的顧客，貼近人們的生活[2]。以豐富多彩設計為特色的Kenzo為例，由日本設計師高田賢三於1970年在法國設立，是第一位將體積和移動自由的概念引入服裝的設計師，作品融合東西方，好比以日式剪裁結合斯拉夫刺繡的女裝，擅長以鮮明的色彩與印花呈現自由、開朗的價值觀。1988年，Kenzo跨足香水市場，從女香到男香，1993年Kenzo品牌加入LVMH集團，2000年Flower by Kenzo香水成為品牌銷售排行榜第一名。三十年間，Kenzo由女裝開展到男裝、牛仔褲、童裝，延伸到香水與護膚系列，每一步的選擇像是堆疊積木，有本有底，自有邏輯，Kenzo的銀河發展路徑，也與部分奢華品牌步伐相類似。

「銀河模式」開發多元產品線，提供更多選擇

不同於金字塔模式的同領域不同定位的延伸模式，「銀河模式」是將品牌作為中心、圍繞成一個環形軌道，所有進入軌道的單位都是對等的，也代表著該品牌的某一個類別，各個類別分別肩負呈現品牌精神與品牌差異化的功能，並以創意展現品牌特色。銀河模式要注意三項參數：「價格」、「延伸品與核心產品的距離」、「奢華定位的維持」。

首先，價格有往上與向下延伸的價格區間，如同奢華品牌有入門款，例如香水、耳環、皮夾等。其次，延伸品與核心產品的距離需要合理——合理的延伸是與品牌的核心與技術有關，例如Dior服裝飾品可以搭配香水、珠寶，但如果是以馬具、行李箱起

---

[2] 《奢侈品策略：讓你的品牌，成為所有人奢求的夢想》（2014）Vincent Bastien, Jean-Noel Kapferer。商周出版。

家的品牌，發展服裝就顯得意外。此外，更大跨度的延伸來自於文化，比如義大利品牌Versace採用希臘神話裡的「女妖美杜莎」作為精神象徵，同時又結合巴洛克文化，除了服飾外，這些意象都可自然轉化運用到花瓶、香薰蠟燭、紅酒杯任何品項[*3]。還有一種是與品牌歷史有關的延伸，法國品牌Givenchy（紀梵希）向來以高級訂製服與優雅聞名，紀梵希先生除了為女星奧黛麗‧赫本設計服裝外，還為她製作一款香水，赫本初始不同意將這款香水賣給一般女性，三年後的1957年，由於不忍心私藏，赫本願意甚至親自代言這一瓶名為「禁忌」的香水。一直到1989年，Givenchy開始擴張版圖到護膚及彩妝品，呼應品牌談美感的初衷。

最後是奢華定位的維持。1837年，Hermès開設了第一家馬鞍、馬具工廠，二十世紀初期推出皮件系列產品以及以「馬鞍針縫法」縫製的行李箱，1922年同時推出衣服、皮帶、手套、珠寶等精緻的產品，接著絲巾、領帶、香水一一面世，1978年Hermès將時裝、配件、瓷器以及水晶注入新穎的風格與設計，以品牌年輕化為方向。Hermès延伸類別相當廣泛，在良好的規劃與執行下，像工匠訓練、維持75%產品在法國自己的工廠製造、包款的終身保固作法、維修服務等，令各類別產品保持著相同的高規格、高品質、高價格，如銀河模式般圍繞著馬具的品牌精神，擴展領域而不降低門檻，有效、持續地保有各類商品的尊貴性。儘管奢侈品牌多元化，但為了使品牌組合成功而非稀釋，奢侈品牌的核心業務必須不斷增強。

*3 Rasa Stankeviciute & Jonas Hoffmann （2010）*The Impact of Brand Extension on the Parent Luxury Fashion Brand：The Cases of Giorgio Armani, Calvin Klein and Jimmy Cho.* Journal of Global Fashion Marketing, 1：2, 119~128.

水平延伸的考量

開發跨領域產品有許多好處：(1)提升母品牌形象；(2)在延伸產業中建立專業度；(3)降低導入與後續行銷的成本；(4)增加產品銷售、公司獲利；(5)提供消費者多樣化選擇；(6)帶領新顧客進入品牌並提高市場覆蓋率；(7)提高顧客忠誠度[*4]。對照Hermès的發展歷程，在提升品牌的優勢、皮革的專家形象、增加銷售與獲利、多樣化選擇方面發揮得淋漓盡致。從十九世紀騎馬的馬具製作時代到二十世紀交通運輸業發達的旅行箱與皮件系列產品，將對皮革的掌握轉換成不同產品，原用來製造騎士外套的絲綢，於1937年被用作絲巾設計。專家指出，新產品的開發失敗率相當高，包括市場太小、產品與母品牌不適配、產品不具創新性與獨特性、顧客不易辨識等問題。放諸時尚精品市場，卻不同於「功能性」品牌，講的就是享樂、夢想與品味，因此，品牌的享樂性越高，越容易延伸，品牌的故事性越高，也容易延伸。

> **功能性品牌**　　　　　　　　　　　　　　　i
>
> 品牌所生產之產品具有特定功能和使用性能，以及能夠提供特定功效，例如某品牌的冰箱可以保存食物、某品牌的電池可以提供電力。功能屬性是產品屬性中最基礎的部分，一般功能性品牌不易進行銀河系的水平延伸。

Hermès傾向以達爾文的方式，也就是自然淘汰，讓15個類別包括成衣、香水、珠寶、絲綢和皮革製品等部門，「創造新奇，由

---

*4《策略品牌管理》（2018），Kevin Lane Keller。華泰文出版。

創造力引領，然後看到生存所在。」透過市場選擇，著眼於多樣性和精心策劃的在地市場銷售方法來擴張市場，Hermès非常清楚業務的成長「與產品、客戶的相關性，以及客戶的忠誠度有關」。也就是隨著消費者對產品類別的投入越來越大，他們也傾向於積極評估有時非常不一致的產品擴展[*5]。當然，Hermès的作法不易複製，品牌能擴張到多遠，還是要回歸其合理性與本身的文化力與能力。

設計師Pierre Cardin，他的同名品牌遍及全球，以未來主義風格和品牌授權模式建立起名聲；前者讓他站穩法國時尚界，後者讓他極大化品牌名稱的利用。Pierre Cardin的商業授權手法曾在法國引起爭議，他將業務與領域劃分授權，1985年時曾發出840項授權，1990年代後削減至350項，過於廣泛的擴張使得品牌定位模糊，零售商困擾，已脫離有序的銀河系模式，更像成團的星雲。不過，自稱變形先鋒派的Pierre Cardin就鍾情多種東西的組合，包括磁磚、內衣、寢具都跨足，產品發展更走向平民化。

品牌授權　　　　　　　　　　　　　　　i

品牌透過合約關係將商標或品牌授予被授權者使用，被授權者需支付相應費用如權利金，藉以生產、銷售或提供服務。被授權者需要了解品牌代理、商業計畫書、合約與品牌經營；授權者則需提供品牌相關的規範、知識與訓練，還有經營的方法與原則。

---

*5 Eren-Erdogmus, Irem, Akgun, Ilker, & Arda, Esin. (2018). *Drivers of successful luxury fashion brand extensions：Cases of complement and transfer extensions.* Journal of Fashion Marketing and Management, 22(4), 476~493.

（上）位於東京銀座三丁目Chanel大樓10樓的Beige Alain Ducasse餐廳，斜紋軟呢條紋沙發與茶具，重現Chanel經典語彙，呈現品牌的水平延伸策略。

（下）Chanel J12 鑽錶展示櫥窗。

品牌擴張的步驟

前面提到品牌延伸的好處，具體的作法根據《奢侈品策略》所建議有四項步驟：（1）策略診斷；（2）根據品牌的合理性來源及資源進行品牌擴張研究；（3）保持與品牌身分的一致性；（4）風險評估[*6]。我在此加上第五點——持之以恆的投資。

Hermès的例子可以說明第一、第二、第三點，特別是第三點，品牌身分就是品牌真實的樣貌，為了勉強的理由過度修飾模樣是無法長期存在，所以要自問：新領域和品牌的本質相容嗎？品牌標誌適合怎樣出現？新領域的產品要在哪裡銷售？

舉鐘錶為例，許多品牌（Fendi、Hermès、Gucci等）會採零售與批發兩種通路，零售是在自己的精品店販售，批發是進入專業鐘錶行通路。第四點的「風險評估」提醒品牌要做好SWOT分析及安索夫矩陣，一旦形成決策，就要持之以恆的投資。

安索夫矩陣（Ansoff Matrix）　　　　　ｉ

該矩陣是將產品與市場（或顧客）放入到「既有」與「新」的四格象限之中，藉以檢視業務發展策略。例如Chanel J12可開發新產品市場，也協助品牌多角化發展。

[*6] 《奢侈品策略：讓你的品牌，成為所有人奢求的夢想》（2014）Vincent Bastien, Jean-Noel Kapferer。商周出版。

Chanel於2000年時正式進軍手錶產業，推出外型設計啟迪自美洲盃帆船賽中的帆船的J12腕錶。第一個使用陶瓷製作腕錶的品牌是Rado錶，但將陶瓷錶發揚光大的正是Chanel J12，黑白色的高科技精密陶瓷耐刮、抗磨損，光澤圓潤有質感，掀起市場陶瓷錶熱。一支Chanel J12一賣就是20年，在頭十年的時間，J12腕錶多在顏色、尺寸大小、時標或錶圈鑲鑽來回出現，一度被媒體嫌棄沒有變化與創新，雖在2005至2008年間，推出J12陀飛輪腕錶、GMT兩地時間錶，以及與Audemars Piguet（愛彼錶）跨界合作J12 Calibre 3125腕錶系列，仍然稱不上專業製錶品牌。這時就要審視第三點以及繼續努力第五點，不斷地在設計、工藝與時俱進，20年後的現在，J12腕錶仍以女性顧客為主，除了滿足穿搭，在製錶上也更為精準。

　　紀梵希先生曾在媒體的訪問中說到：「有自己的流行風格，也符合當代的場合，就屬亞曼尼，他創造流行與室內設計的帝國，卻保有自己的特色，還有高尚的品味。」話鋒一轉，紀梵希先生又說，如果亞曼尼可以在時裝上搭配帽子就更完美了。結論是，拋開浪潮與擴張，擁有自己的風格才是最重要的！

11 增值的輕奢時尚

時尚只是以生活型態和社交來實現藝術的嘗試。

英國哲學家 | Francis Bacon

「奢侈品」一詞，在過去是指高價商品，或是特定商品，且必須滿足三個條件：具強烈藝術內涵、必須是工藝產出、國際性的。隨著時代推演，「負擔得起的奢侈品」（affordable luxury或accessible luxury）出現了，又稱為「輕奢」，奢侈品牌提供更易入手的皮夾、耳環、配件等來擴大產品線，或者雖不具備收藏價值的一線夢幻精品，卻擁有良好附加價值與高品質的產品，除了中產階級外，特別是強調獨立與自主性的千禧一代，對於追求享樂與自我時尚意識成了「輕奢」的主要消費群。

為了解輕奢的內涵，美國學者Juan Mundel、Patricia Huddleston、Michael Vodermeier等調查後發現，放縱行為被視為輕奢的動力，消費者期望以比奢侈品更低的價格享有高品質。由於輕奢也具有奢侈品的特徵，例如高品質、價高、獨家、地位授予，也存在炫耀性消費的成分[1]。從價格上來看，輕奢顧名思義，就是價

---

[1] Mundel, Juan, Huddleston, Patricia, & Vodermeier, Michael. (2017). *An exploratory study of consumers' perceptions：What are affordable luxuries？* Journal of Retailing and Consumer Services, 35, 68-75.

格較為親民，這類產品的客群較廣，設計上年輕、時尚有質感，實用高又具品牌價值，大多都可以同時滿足休閒與正式場合。例如主打「樂觀奢華」（optimistic luxury）的法國品牌Longchamp、強調從簡單生活找尋靈感的美國品牌Tory Burch、法國品牌agnès b.，以及一只相機包紅遍大街小巷的美國設計師品牌Marc Jacobs等，比起經典時尚品牌的高端奢華，輕奢品牌更想表達的是「質感生活」。

兼具價值、品質、滿意度三個關鍵的美式輕奢品牌

美式風格給人休閒舒適、無拘無束、自由奔放的感覺。2004年成立的美國品牌Tory Burch融合經典美式及波希米亞的風格，看準精緻美學的需求，切入合適的市場價位，以生活型態為概念，十幾年來發展出許多產品，擴展到全球。用色大膽、細膩、具時尚感，服裝樣式實穿，由於價格適中，獲得上班族女性對該牌的青睞。Tory說她的設計靈感多半來自於家人，尤其是父母的穿著打扮，這讓她的作品更顯溫度，而著名的Reva平底鞋其實就是來自於她母親的名字。在《花邊教主》（Gossip Girl）這部以紐約上東區名流學生生活為背景的美劇中，兩大女主角Serena及Blair都曾穿搭Tory Burch產品，在學生生活中不會顯得太過奢華，但高雅配色的服裝及Reva平底鞋又展現上流家族的氣質。Tory曾經獲得2008年美國服裝設計師協會最佳配件設計師，長期關注女性議題的她於2009年在洛杉磯成立基金會，提供小額信貸協助女性就業，2020年，Tory Burch發起社交媒體宣傳活動

「#WearADamnMask」，並藉由名人協助呼籲戴口罩防病毒，算是很接地氣的設計師。

Michael Kors則是另一個美式風格時尚品牌，從Michael Kors本人擔任節目《決戰時裝伸展臺》（*Project Runway*）常座評審後，該品牌獲大量曝光，爾後進軍亞洲，投放大量廣告，邀請中國女星楊冪成為首位全球代言人。產品策略上，Michael Kors在實搭服裝主線外延伸配件為主的Michael Michael Kors，和鞋履為主的Kors Michael Kors兩個副線，主線價格較高、走低調華麗路線，副線則走親民路線。不同定位策略讓Michael Kors商業版圖可以滲透更多族群，是上班族喜愛的品牌之一。

忠於自己、走入日常的法式輕奢品牌

1975年4月，agnès b.在巴黎第一區的日間街3號成立了第一家專賣店，是輕奢時尚的法國品牌代表。該品牌的經典尼龍水餃包款是許多年輕女性的愛包，內外袋的設計，有時以撞色的桃紅搭配藍色或粉橘配上藍色，搶眼奪目，星星的圖騰三不五時隨著季節款式出現，加上色彩選擇多，輕巧兼具防水的功能，臺幣四千五百元以內的價格，獲得許多消費者的青睞。agnès b.的小吊飾也很「卡哇伊」（可愛），受到學生歡迎；不論是金色、銀色的小「b」logo或是證件套，可以充分呈現品牌識別。被喻為法國簡約設計宗師、具有人文特質的agnès b.從第一家時裝店開始，就受到市場的正面迴響，接著從設計延伸到製造，生產女裝、男裝、少女裝Lolita、童裝、SPORT b.運動系列、美容品、手錶、手提袋，同時還經營藝廊、發行音樂CD與開咖啡店。

創辦人Agnes說：「我並不想做一名出類拔萃的設計師！」坦率不矯情的風格也反映在她的設計當中——衣服是要穿得舒服自在，手提包也要簡單實用，價格也就平易近人了！Agnes也非常喜歡藝術、攝影，自1986年起，她就廣邀各領域的藝術家拍攝經典開襟外套（Snap Cardigan）的姿態，還出版了攝影集並在自家的藝廊販售，1996年舉辦了第一次的開襟外套攝影展。2013年，Agnes再次邀請藝術家詮釋在法國每兩個人就有一件的經典暗扣開襟外套Snap Cardigan，同年9月於臺北市信義誠品舉辦全球開襟外套攝影巡迴展。從1985年至今，白色素面T-shirt印上藝術家作品的Artist Tee系列產品，呈現品牌對藝術的喜愛，2019年在日本、臺灣、香港等地還舉辦巡迴特展。這些作為都呈現法國「輕奢時尚」品牌代表agnès b.的價值與信念，同時反映購買agnès b.顧客的價值觀。

　　從皇家貴族到上班族女性都愛的國民精品Longchamp，家族第三代CEO Jean Cassegrain將品牌定義為「樂觀奢華」，他認為Longchamp經營的是國民精品，不是用來收藏，而要用在生活當中。自1993年推出Le Pliage手袋系列，因為融合實用功能與優雅外觀，耐用特性與輕盈質地，受到跨階層消費者好評。這個出自品牌創辦人之子Philippe Cassegrain之手的包包為什麼這麼夯？第一，這款取材自日本的摺紙藝的摺疊手袋非常輕巧、用途廣泛，對了女性不喜歡背重物的胃口；第二，Le Pliage手袋一經摺疊，體積相當於一本袖珍的口袋書，收納攜帶方便；第三，包體本身採用超輕量尼龍帆布製成，堅固耐用、色彩繽紛，同時飾有「俄羅斯皮革」，兼具功能性與時尚感；第四，包款設計與時俱進，每一季演繹12道繽紛色彩，同時經常與Tracey

Emin、Jeremy Scott等當代第一線藝術家或設計師合作，發行限量聯名款，凸顯包款的品牌力；第五，Le Pliage從入門款到進階款的價格區間讓不同消費力的顧客都下得了手，例如2012年問世的Le Pliage Cuir皮革系列不僅演繹經典原作，採用光滑柔軟的皮革製作，卻讓皮革像尼龍包款般易於摺疊收納，不會在展開使用時留下任何摺痕，產品力沒話說。2018年改用細緻小羊皮皮革推出全新Le Pliage Cuir系列，2020年秋冬季因應小包風潮，再推出全新Le Pliage Cuir Nano系列。

　　價格方面，Longchamp一直以來提供消費者的價位相當具有競爭力，也是少數會因著成本下降，而調降售價的品牌，這個貼心的策略幾乎是其他品牌少見的。例如2013年初，當大部分的精品品牌依照過往慣例調漲價格時，Longchamp在臺灣卻平均調降了3%~6%的售價，其中包含最受歡迎的摺疊包系列以及LM Cuir系列（logo包）等。論及Longchamp廣告，支支吸睛，繼2006年起與Kate Moss合作、2012年邀Coco Rocha擔任形象代言，2014年春夏與國際知名「It Girl」Alexa Chung合作，演繹走在紐約街頭的女子，將產品以巨人對比小人國的尬舞淋漓盡致地表現出來，讓觀眾有種「恨不得女主角就是我」的渴望與滿足，2018年邀請超模Kendall Jenner擔任廣告代言人，2021春夏款以一體成形的「網袋」令人眼睛為之一亮，隨著物品及重量呈現不同形狀，在在顯現品牌輕鬆自然的樂觀奢華形象。

It Girl i

「It」緣起於二十世紀的英國上流社會。It Girl指年輕女子，通常是社交名流或有吸引力的名人。她的崛起經常是短暫的，若累積相當實力也可成為成熟名人。

輕奢的享樂主義

　　輕奢品牌採用與真正的奢侈品牌相同的行銷方法，與傳統奢侈品的區別在於「產量多」、「價格較低」，輕奢品牌具有一定的識別度、品質有保證且實用，被視為進入時尚世界的入門選擇。輕奢產品其實也是非必要的、衝動性的商品，消費者會為了擁有類似奢侈品的享樂價值而購買。輕奢品牌多強調生活美學，主打走入日常的奢華，價格區間大，消費群眾廣，例如走輕鬆紐約風格的品牌Coach。

　　輕奢品牌更在意掌握現今所謂的「社會貨幣」（social currency）概念，也就是品牌對消費者（特別是Z世代）而言，是否有關聯性、時髦感或相容性，消費者是否樂意分享與推薦品牌，這部分遠超過對輕奢品牌DNA、歷史資產的直觀描述，反而更著墨於品牌帶來的人性與社會互動。例如，消費者能透過分享討論某個品牌或活動來展現自己的思想、身分，藉此來定義自己，確認社群歸屬等。如同本文的主題，增值的「輕奢」時尚就是這麼越來越受歡迎的。

12 體驗當道，行銷五感
品牌延伸下的居家、旅行、食尚，超越產品的體驗

生活不是攀比，幸福源自珍惜。

美國哲學家 | Ralph Waldo Emerson

　　時尚奢華品牌已從穿戴產品，走向全方位的極致五感體驗，品牌跨界到不同的生活空間，如餐廳、飯店、書店、藝廊甚至居家、旅行、實體環境的獨特體驗，多元發展的格局於焉而成。從感知行銷的角度，顧客是個體，有其主觀的「體驗邏輯」。這個邏輯是私人的，這個邏輯是個人的感官如何去感知，包括單一或身上所有感官如何去解析一項體驗。因此，任何品牌對待顧客都應基於邏輯和理性、情感和價值觀，在硬邦邦的產品銷售外，提供真誠、新穎或特殊的體驗來留住顧客，讓顧客感受幸福。

　　行銷學者Christine Cowen-Elstner在感官體驗研究中指出，設計吸引人的商店是零售業吸引顧客進入其商店最有效的措施之一，在享樂消費期間，物理環境（例如用餐環境）成為評估核心服務最重要的一環[1]。臺灣知名設計師陳季敏在臺北天母開設的複

---

*1 Cowen-Elstner, C.（2018）.*Impacting the Sensory Experience of Products：Experimental Studies on Perceived Quality.*

合式創意空間「Jamei Chen另空間」，前半部是服裝店，後半部是她戲稱為「大玩具」的餐廳，希望在服裝之外提供顧客多一個「味道」的感官享受，她也認為生命的緩慢比快速來得重要，將頂級細緻的服裝轉化到日常生活是多年的體悟。類似的時尚精品體驗越來越多，行動前有幾個原則可以參考：(1)從品牌核心價值與理念出發；(2)選擇適合的領域提供顧客體驗；(3)將品牌精神及元素以相應的型態呈現；(4)以專業、創意、文化支撐體驗；(5)透過管家角色穩控品牌DNA及持續述說品牌的故事。

時尚的生活旅程

　　agnès b.的創辦人兼設計師曾說：「我喜歡成為催化劑，成就人們。」agnès b.不僅提供衣服，更希望為情感和生活穿上衣服。因此，咖啡、鮮花和巧克力所組合而成的agnès b.法式旅程就在全球開展，品牌經典開襟外套「Snap Cardigan」圖樣的蛋糕、巧克力、咖啡的法式飲食文化生活，讓agnès b. cafe脫離母品牌成長為獨立的品牌。Gucci也開設咖啡館，遍布米蘭、杜拜、東京等地，2018年在佛羅倫斯投入創意餐廳Gucci Osteria，餐廳四周牆面上以金色字體書寫十五世紀嘉年華歌曲，許多家具來自於創意總監所設計的家飾系列，傳統義大利菜餚、藝術般的料理獲得米其林一星。品牌跨足餐飲，處心積慮地將品牌元素或對生活的看法融入於空間中，期盼占領顧客腦海中「最先想到的位置與感覺」。

Jamei Chen另空間，正在整理花材的陳季敏。
（圖片提供：Jamei Chen）

體驗的多元化發展還受到外部因素的推波助瀾，包括全球經濟波動，關稅、匯率變動和疫情導致時尚精品業績受挫，加上電子商務有增無減，實體零售商場面臨嚴苛的來客數減少挑戰。人們不可能天天購買服飾，但每天都一定要吃喝，不論從品牌的角度或是商場的立場，時尚化、精品化的餐飲成為驅動力，也是吸客消費的首選。

跨品類的五感體驗

　　時尚品牌全方位的購物體驗、五感的極致追求從未停歇，最早從販售單品擴大到跨品類的服務，融合時尚、藝術、生活、餐飲、家居，延伸到個人的食、衣、住、樂。首先看品牌旗艦店的五感設計——視覺（產品陳列、藝術品設置、室內裝潢）、聽覺（品牌風格的音樂或秀場音樂）、觸覺（高級面料的沙發、金箔牆面、古董家具）、嗅覺（品牌香水）、味覺（品牌咖啡館或餐廳所提供的餐飲甜品），盡其可能地滿足顧客在感官上的體驗。

　　2019年美國珠寶品牌在香港尖沙咀開設全球第二家餐廳Tiffany Blue Box Café，當月壽星可享受一份迷你Blue Box Cake與朋友分享。呼應Burberry前CEO Chirstophe Bailey所說：「我們要創造一個空間，讓顧客可以在一個社交環境中放鬆與享受Burberry的世界。」這個空間就是倫敦旗艦店中以創辦人命名的Thomas' Café，全日供應英式餐點，包括高級龍蝦料理與精緻下午茶，與咖啡區相鄰的，是個人服務區與禮品區，販售家用品、文具用品與旅行組，Burberry「一站購足」的設計希望顧客在旗艦

店中流連忘返，停留時間越長，成交機會就越高。

　　除了服飾、包款、家居等產品，LV在精品店內展售自家出版的藝術、文化、旅遊書籍，並於東京、慕尼黑、威尼斯、北京和首爾的旗艦店中設置了「Espace Louis Vuitton」展示空間，推廣及展覽當代藝術與攝影作品。LV每年支持修復著名的威尼斯藝術，將傳統遺產與現代藝術融為一體，威尼斯Espace展示空間就成為兩者的交匯處，可以免費進入參觀，經由藝術與書籍吸取精神食糧，進行育樂體驗。2021年，LV終於也走入餐飲市場，於日本大阪御堂筋旗艦店開設會員制餐廳Sugalabo V及設有酒吧和露臺的咖啡廳Le Café V，為的也是豐富消費者的購物旅程。

從延伸家居系列、飯店經營展現品牌的生活品味

　　2010年4月27日，標榜豪華的臻品飯店——全球首間Armani Hotel開幕，坐落於杜拜市核心地段。亞曼尼先生親自構思每項設計和服務，使用Eramosa大理石地板、斑馬木飾屏和高檔牆布為內裝。視覺享受外的「Stay with Armani」服務，由生活服務部門專責統籌，禮賓大使專人接待顧客，飯店服務人員均著Armani品牌服裝。飯店中的零售商店展售Armani手工巧克力、手錶、手提包、香水、獨家商品與限量時尚配件等。米蘭的Armani Hotel還提供頂級客人個人管家奢華購物服務，客人可在房間內試穿Giorgio Armani特選服裝的服務。亞曼尼先生說：「參與房地產計畫協助我們品牌獲得奢華市場的占有率。」點明了到位的品牌體驗產生了延伸的綜效。

Armani Hotel裡，Armani Casa家具的桌椅、裝飾、燈具、餐具一應俱全，無形開拓家居系列產品。法國學者Jean-Noel Kapferer提出「品牌識別稜鏡」（Brand Identity Prism）模式*2，Armani品牌的內在面向有亞曼尼先生優雅、簡約美學性格，講究細節與義大利式的好客文化，還有虜獲顧客的精緻義式風格概念；外在面向包含實體的品牌經典設計、logo、風格生活經理（lifestyle manager）服務，與顧客的關係模式（relationship mode）是熱情、舒適，顧客投射出的形象（reflected image）是品牌創造出的奢華與溫暖。

飯店個人管家（butler）服務　　　　i

為飯店提供貴客的專業個人服務，根據服務清單，了解並掌握貴客的喜好、特殊需求，以完美達成顧客的期待。管家需具備流利的外語與24小時待命的服務熱忱。服務項目包括基本的接機、行程安排，還要關照飲食安排、寢具軟硬、燈光、溫度、濕度等。例如臺北晶華飯店曾接待美國演員Tom Cruise，他飲食清淡，管家們就集結臺灣各地有機蔬果，在套房中打造個人的迷你沙拉吧。喜歡天藍色的韓國藝人G-dragon入住時，管家們就將房內的擺設及花藝全部改為藍色系。

Armani的第一個logo檯燈在1982年出現，不過Armani Casa家具於2000年才成立，被公認為品牌延伸到居家系列最成熟的品牌之一。美國聯博資產管理公司（Sanford C. Bernstein）的歐洲

---

*2 Anderson, E.（2010）. *Kapferer's Prism and the Shifting Ground of Brand Identity. In Social Media Marketing*（pp. 141~164）. Berlin, Heidelberg：Springer Berlin Heidelberg.

主管表示，相較於個人奢侈品，體驗型的奢華經驗成長快速。

　　另一個義大利品牌Fendi於1989年成立Fendi Casa，與Club House Italia公司攜手合作，為私人住宅等場所提供家具與裝飾，沙發、扶手椅、床組、櫃子一系列的產品應運而生。2009年拓展業務至頂級飯店、私人飛機與遊艇。Fendi Casa的特色為優雅、永恆、卓越工藝與環保責任，持續詮釋Fendi高級成衣的物料與細節，例如將Fendi手提包的皮革運用在沙發面料上，FF Logo手提包轉化成FF Logo抱枕，Fendi Casa更將皮革運用在廚房，將門與廚具表面以頂級皮革包覆。Fendi Casa在全球五十個國家設置據點，展售奢華家飾，邁阿密的Trump Tower、杜拜的Sky Gardens Tower也都有其足跡。Fendi在產品線的延伸上，細心將高級成衣的元素，緊密地連結到居家系列，百分之九十皆由義大利工匠手工製作完成，核心身分並未因產品類別擴展而模糊，值得借鏡。

Casa　　　　　　　　　　　　　　　　　　　　　　　　　ⓘ

義大利文，代表一個人或一個家庭的住所，這裡是指家具、寢具之意。例如結合時尚與設計的Fendi Casa是豪華設計行業的指標性品牌，躋身最昂貴的家具品牌之列。

　　顧客主觀的「體驗邏輯」是私人的，是個人的五感如何感知以及闡釋一項體驗，這告訴我們，體驗沒有最好，只有更好、更符合個人的感受。在居家、旅行、飲食時尚化的今日，創造特殊、差異化的體驗與創新的服務，將品牌內涵立體化至食、衣、住、行、育、樂，才可能留住顧客。

BVLGARI

義大利頂級珠寶品牌BVLGARI跨界到度假飯店的經營，也是鞏固並加強品牌的集大成之作。奢華的定義是稀有，而頂極旅行則是一種奢華的具體呈現，也是生活的縮影，為了呈現義大利式的生活型態，BVLGARI於2004年在米蘭打造第一家度假旅館，之後在峇里島度假中心、倫敦、杜拜、上海、北京開幕。在這些飯店的背後，蘊藏著BVLGARI豐富的義大利奢華設計概念，以及人文、自然關懷，還有品牌故事與商業思考。

BVLGARI的飯店業務都選擇在度假勝地與大都會區開設，每家飯店

各有獨特性。以米蘭的飯店為例，建築體是由十四、十五世紀的修道院改建而成的，可以在喧囂的米蘭城市當中，享受蟲鳴鳥叫與片刻的寧靜，這是奢華；峇里島的飯店融入在地文化，擁有無敵海景，是都市人的天堂；倫敦的飯店充滿了現代感的家具，同時擺放

許多BVLGARI的銀製品，完全進入BVLGARI的世界。就算無法負擔高價的珠寶作品，住個幾天BVLGARI度假飯店也是人生一大享受。飯店這個類別在擴大目標顧客的曝光效益尤其顯著，沒有什麼比無形文化融入生活更有影響力了。

Chapter Ⅲ

Storytelling with the Times

與時俱進的多元
時尚敘事

穿越時空，風格長存

13 化身品牌大使的時尚策展

當看到特別、受啟發的事物時，您會記得每幅畫、每面牆和每項陳列，
然後才意識到，還欠了策劃出難忘展演的優秀策展人一份謝忱。

英國廣告人 | Charles Saatchi

　　參觀過展覽吧！好的展覽是可以觸動人心的對話，也就是展覽的內容對參觀者而言是否能激發出共鳴，這個背後的靈魂人物就是「策展人」（curator）。策展人需琢磨如何讓參觀者與每一項展出物件進行自我對話，策展人需要做選擇、整合、陳列展覽中的物品，監督不同概念在展覽空間內的和諧性，從概念、設計、計畫、製作、執行，這整個過程就是「策展」（curation）。

　　策展人的角色發展自十四世紀，當時主要是為呈現文化的藝術策展，展覽看的就是策展人的品味、策展的知識及內容的選擇。當策展逐漸發展為說故事的形式，就有更多的細節要注意，好比時間序、詮釋方式、證據與資金，而策展人的任務就是將文化品味視覺化，同時思考看展對象、要溝通的觀眾。

　　2011年，英國服裝設計師Alexander McQueen去世後一年，「Savage Beauty」紀念展在紐約大都會藝術博物館揭幕，展出1994至2010年間一百多件服飾，回顧McQueen的創意與細膩剪

裁作品。2019年，擅長將傳統與現代元素並存的Shiatzy Chen在臺北華山文化創意產業園區展出「針間絮語」，以展覽闡述品牌歷程，展示品牌四十多年在工藝與設計上的成果，包括設計師的手稿、設計靈感的圖騰材料以及當季的作品，並安排刺繡師傅現場示範刺繡手工藝，讓來賓親眼目睹一針一線服裝的製作。不論靜態展示與或動態互動，現代的展覽越趨多元，那麼，運用展覽講述時裝是怎麼開始的呢？

時尚策展

2000年時，資深媒體人暨時尚評論家Suzy Menkes在《紐約時報》曾寫到：「當前哪種時尚廣受歡迎，可持久、國際化且賺大錢？正是博物館展演。」時裝展覽在進入二十一世紀後也越來越流行，不僅品牌有曝光與大量觀眾參訪的效益，博物館也可獲得品牌經費贊助，風光的背後其實有許多爭議、批評與轉折，比如學者與策展人之間的衝突、美術館對時裝的敵意、博物館在當代社會中的角色與時尚作為一種流行文化的衝突等。

擔任紐約流行設計學院博物館的館長兼首席策展人Valerie Steele，對時裝展覽的發展有過深入的研究[1]，她指出，多數藝術博物館的服裝展覽都傾向於展示古董級的上流女性時裝，並以逼真的人體模型，按照時間順序放置在歷史場景中。

時尚編輯Diana Vreeland在1973年加入大都會藝術博物館，成為服裝學院的特別顧問，她的第一個服裝展覽「The World of Balenciaga」打破了前述常規，成為具有影響力的新興流派之

---

[1] Steele, V.（2008）. *Museum Quality：The Rise of the Fashion Exhibition*. Fashion Theory, 12（1），7~30.

一，但她的展覽也引來有關歷史準確性與解讀不當的嚴厲批評。不過，她注入現代氣息的新策展思維，諸如運用光滑的洋紅色牆壁、無頭的人體模特兒、大象和馬車等，精美的展覽，兼具豐富的歷史和技術，讓後來的策展人有更多的空間運用新的技巧。美國媒體學者Ethan Zuckerman曾說：「策展人天生就有偏見，他們總是在做編輯的決定，這些偏見確實具有重大影響。」

> **紐約流行設計學院（Fashion Institute of Technology, FIT）** ⅰ
>
> 1944年成立，為世界五大服裝設計名校之一，屬於紐約州公立學校的SUNY系統（State University of New York）。最受學生歡迎的科系是廣告設計、服裝設計、服裝行銷管理等；許多有名的設計師都畢業於這所學校，例如Michael Kors和Calvin Klein等。

1983年Vreeland不以時間序改以主題方式策劃了Yves Saint Laurent回顧展，使聖羅蘭成為首位在大都會藝術博物館展覽的在世設計師。當時館長力讚展覽的創意，但因涉及與特定設計師的利益關係，引起眾多爭議。此後，同行設計師們也開始自行策展。1992年，策展人Richard Martin和Harold Koda針對Gianni Versace在紐約流行設計學院設計實驗室舉行的作品展覽就沒有媒體負評，因為設計實驗室被認為是時尚界的輔助角色。Suzy Menkes針對此現象表示：「與娛樂業競爭同時，博物館很難保持

監管標準。」

　　之後，博物館與時尚展覽歷經許多動盪，好比2005年在大都會藝術博物館所舉辦的Chanel展受到媒體抨擊，主因是Chanel公司提供資金以及展覽中混合了時任設計師卡爾·拉格斐的許多作品與Coco Chanel的歷史之作，策展人表示希望觀眾看到的是香奈兒女士本人的風格而不是卡爾·拉格斐宣傳式的個人自傳。這也順勢啟動了藝術史領域影響時尚展覽的討論，例如時裝展覽的資金如何被矛盾的文化態度複雜化，學術策展作品如何納入與認可時裝業的商業特質，個人設計師展覽不僅有融資和財務的問題，還有策展人的誠信和作品保存標準等要考慮。

　　此時此刻，有許多全球影響性的時尚巡迴展覽出現，例如英國設計師Stephen Jones的帽子展在倫敦、安特衛普、伊斯坦堡舉行。這些自籌資金的展覽並非只是促銷活動，而是具有某種藝術基礎，強調品牌歷史、精品定位，也吸引許多觀眾。所以，究竟什麼內容值得展覽呢？是否有明確的標準來判斷各種節目的設計呢？

時尚策展的文化參與

　　具有豐富文化含義的藝術產品，擁有象徵意義和多重的感官特性，對人們有重要的影響。學者指出，這種審美體驗是個人思想與藝術品之間的相互作用，以及圍繞在審美體驗周邊的各種服務體驗的總和。因此，經常可見企業經由文化活動，例如時尚策展、時尚紀錄片等，推廣其品牌或產品。

法國社會學學者Pierre Bourdieu研究指出，個人的家庭背景賦予其獨特的經濟資本（金錢、財富等）、社會資本（人脈、關係）和文化資本（獨特的品味、技能和知識）。不過，文化消費會因為相異的資本與階級因素而受到阻礙，現時的許多時尚策展為了更靠近消費者，在審美體驗、內容設計與地點選擇上，都盡量降低這種阻礙，因而形成三類展覽[*2]：

第一類是博物館等級，由博物館所策劃的時尚主題展，例如英國維多利亞與亞伯特博物館（Victoria and Albert Museum, V&A）所策劃的「和服：從京都到伸展臺」展覽，當中蒐羅了日本國寶級和服大師森口邦彥、Paul Poiret參考和服輪廓製作的外套作品，以及近代的山本耀司、高橋弘子的服裝。第二類是由品牌自籌資金，專注於美術、藝術或歷史且在藝術機構舉辦的展覽，例如四百多件珍品的「文化香奈兒」展覽在上海當代藝術館舉行。第三類為品牌活用合法場地的特定場域展覽，或特別為展覽在某個公共或私人空間建構一棟建築，好比LV「時空·錦·囊」展覽就在臺北101大樓旁的廣場建造一個空間，聚焦品牌的旅行DNA，展示自1854年以來的產品與皮革工藝，為了接地氣，還向「鄧麗君基金會」商借當年她用過的Speedy包與照片，一同展出。這些歷史與文獻，經過策展似乎又有了新生命。

從品牌復興（brand revival）看時尚展覽

「懷舊和復古品牌」（nostalgia and retro branding）策略的運用在二十世紀末與二十一世紀初大行其道，成為一種有效的品

---

*2 Colbert, F., & St‑James, Y. （2014）. *Research in Arts Marketing：Evolution and Future Directions.* Psychology & Marketing, 31（8），566~575.

牌管理選擇。這股懷舊熱潮強調品牌的長期屬性（如壽命、聲譽以及起源地），可讓企業向消費者傳達其穩定性和信心[*3]。如同Gucci在2011年慶祝九十週年的口號為「Forever Now」，並發行專書，在佛羅倫斯的古蹟開設以品牌故事為主題的博物館，將當代藝術與歷史作品編織一起。成功的復古營銷有幾個元素，對品牌歷史有廣泛了解，對品牌最初的歷史背景進行查證與分析，再結合新技術活化產品和社交媒體傳播。

　　YSL從2002年到2016年期間舉辦了二十多場關於藝術或品牌的展覽，品牌基金會運用不同主題傳達聖羅蘭的故事，例如2004年「Yves Saint Laurent Dialogue avec l'art」展出四十幾件和藝術家相關作品、2006年「Yves Saint Laurent Voyages extraordinaires」主軸為聖羅蘭本人的異國風情高級訂製服，他經常在腦海裡旅行，把中國、日本、俄羅斯、摩洛哥等文化元素都放入設計中。聖羅蘭於2008年過世前的展覽都由他自己一手策展，因而能原汁原味呈現其個人品味與思想。過世後的展覽多由他的事業夥伴Pierre Bergé辦理，策展人Florence Müller是時尚編輯也是時尚史及高級訂製服的專家，與YSL品牌的合作已超過十年，這代表著Müller對品牌文化資本的熟稔，對於展品選擇、品牌精神呈現的方法都受到肯定。YSL選擇美術館、博物館、藝術中心等場地舉辦展覽，通常時間長達數個月，例如2010~2012年「Yves Saint Laurent Rétrospective」品牌回顧展，從巴黎巡迴到西班牙馬德里、美國丹佛，敘述聖羅蘭從1958~2002年間的生涯，呈現三百多件高級時裝及檔案文

---

*3 Merlo, E., & Perugini, M.（2015）. *The revival of fashion brands between marketing and history*. Journal of Historical Research in Marketing, 7（1）, 91~112.

件。Pierre Bergé曾說：「香奈兒女士給了女人自由，聖羅蘭則賦予她們力量。」從懷舊復古的角度來看，這段話是對打造了二十世紀女裝王國的兩位設計師的最佳註解。

　　與YSL大相逕庭的Hermès策展風格更重視「體驗」與「趣味」，展期約在一個月內，以全球巡迴展模式橫跨歐美、亞洲。其中「永遠的皮革」（Leather Forever）品牌故事展曾在臺北、新加坡、上海、香港等城市展出。另一個「奇境漫遊」（Wonderland）展，策展人Bruno Gaudichon表示，展覽的概念來自Hermès家族的第六代成員Pierre-Alexis Dumas，他說：「閒情漫步美妙的城市，漫遊解放藝術是Hermès的天性。」展區設計融入巴黎風情，包括十字路口街道、咖啡館、地鐵站等，展場也運用動畫投影、光雕秀等現代科技，並提供每位參觀者一根有偏光鏡的手杖，用來欣賞特殊場景。每場巡展也會因地調整，好比與當地藝術家合作增加在地性以及符合當地法規等。看來，Hermès是以更具現代感的方式去闡述品牌的長期屬性。

　　如同《時尚理論》學術期刊中所闡明，展覽是一個昂貴、複雜且勞力密集的製作過程，圍繞時尚展覽的問題越來越多。通過展覽學習、思考、觀察與創造時尚史是一個進行式，同時，有來自各方複雜、影響深遠的多重觀點和解釋，沒有哪一個是正確的，也沒有哪一個是最終的。就讓我們繼續看下去吧！

14 時裝大秀的宣言

> 時尚是日常空氣的一部分且不斷變化，您甚至可以看到服裝革命即將來臨，從服裝上看見並感覺到一切。
>
> 傳奇時尚編輯｜Diana Vreeland

外行人看熱鬧，內行人看門道，時裝秀就是這麼一個最明顯的例子。這裡談的「時裝」指的是「成衣」，有標準尺寸、以完成狀態出售，有別於訂製服。拜網路科技發達之賜，以往國際時裝秀只有媒體、VIP客人在被邀請的前提下才得以親臨秀場，現在經由網路直播、錄影，加上Covid-19疫情影響被迫促成的線上時裝秀已成為趨勢，一般消費者坐在家裡就可直接觀看國際品牌大秀，「看秀」這件事似乎更進入一般人的生活。不過，時裝秀現場所帶給觀眾的刺激、五感體驗與社交互動，從服裝模特兒出場、音樂揚起、場地裝置、表演，到名人、明星出席，是唯有身歷其境，才能感受到的魔力。時裝秀舉辦依時節分為2、3月的春夏秀與9、10月的秋冬秀，部分國際品牌為擴展市場增加度假系列秀（又稱早春秀）與早秋秀，因受疫情影響，不少品牌反思減少浪費與找回創作原動力，例如法國品牌Mugler將新品從60套減到35套，從一年做四季改為兩季，放慢腳步。

至於一場秀的規模大小呢？由於規格、場地不一，有的容納一、兩百位客人，有的上千位，費用從十幾萬到數百萬美金不等。

　　猶記2010年3月在巴黎大皇宮觀賞Chanel大秀，街上零下三度，進入秀場沒開暖氣，竟然也是零下的溫度，全場兩千位觀眾，每位都裹著圍巾、大衣、手套全副武裝，但依然凍得很，發生了什麼事？原來秀場當中擺放了高約8.5公尺的大冰山，動員了35位冰雕大師，用了240噸的人工雪，花了6天時間完成，模特兒穿著塑膠鞋套踩在漸漸融化的冰水中走秀，演繹設計師對地球暖化的關注與該季的服裝。冰山吸熱慢慢融化、場內溫度持續下降，冷到每個毛孔都收縮的情形絕非看轉播或線上影片可體會的。出乎意外的秀場設計，在令人直打哆嗦的同時，一樣讓現場觀眾嘖嘖稱奇，成為話題焦點。

時裝秀之於品牌的意義

　　根據多年觀察，時尚品牌舉辦時裝秀有幾個目的：（1）呈現品牌精神與渴望達到的形象，並獲得媒體曝光的機會；（2）時裝秀是呈現設計師才華、想像與宣言的舞臺，透過時裝秀宣告下一季的服裝系列，吸引消費者關注並創造期待；（3）強化與VIP顧客、名流、意見領袖的關係；（4）時裝秀本身就是結合創意、服裝、參與者的一種創造集體記憶的慶典活動，將其記錄下來作為品牌的宣傳素材並累積品牌資產；（5）提供採購人員、買手現場觀看服裝作品的機會並為後續下單做準備。

Chanel 2010秋冬大秀，位於巴黎大皇宮秀
場中的冰山。

舉個例，時裝品牌在10月巴黎時裝週舉辦時裝秀之後，會依照各市場需求，經總部同意後「重現」屬於強化形象、維繫VIP顧客關係目的的時裝大秀（非商業性質的提箱秀）；三個月後的1月，法國時尚品牌Chanel在臺灣桃園機場飛安管制區內的華航五號維修棚，實現了類似巴黎版的品牌春夏大秀。選擇這個特殊地點的原因，是為了呼應該場時裝秀的主題——十九世紀萬國博覽會的航空器展示，向科技致敬。落實這項大秀的挑戰重重，如何在幾天內將飛機維修棚轉化為秀場與派對空間、如何改造廠房男用廁所轉做女賓洗手間、如何說服貴客放棄自家的黑頭車改搭大巴士、如何有序地將千位賓客移動到飛安管制區、如何確保高速公路交通情況與搭車的舒適、如何確保賓客不得在秀場吸菸等。當時媒體還說明了「不得不報導」的理由，例如：「飛機維修廠棚當秀場、華航747迎賓陣仗、上千人次賓客、四十輛大巴士、超過五百位現場工作人員、四十位模特兒凝聚的浩大氣勢，皆創下臺灣時尚產業的新紀錄。」當次大秀，各家電視臺SNG車全員出動，在停機坪上持續做五小時的連線報導，品牌之友舒淇擔任看秀嘉賓，秀後熱烈的千人派對，不僅寫下品牌記憶，也創造了參與者的共同回憶，展現時裝大秀的效益。

時裝秀的未來宣言

　　舉辦一場大型時裝秀是品牌設計師對於下一季時裝的時尚宣言，希望呈現趨勢、引領消費者看到數個月之後的未來，並傳達設計師的觀點。經典之一是義大利時尚品牌Fendi的2008春夏大

秀，以金額無上限的規模搬上北京萬里長城舉辦，網羅歐美、香港、臺灣、日本等近70位名模在暮色的長城上走秀，兼具中西設計元素的服裝，史詩般的時裝秀令人大開眼界。除了場地尋覓、秀場設計新鮮感與驚喜度的挑戰之外，舉辦服裝大秀背後的策劃、模特兒選角、試裝排演、名人與賓客邀請及座位安排，當中的辛苦如人飲水、冷暖自知。

2014年4月，英國時尚品牌Burberry在黃浦江岸的上海造船廠內，花費臺幣一億元，打造了超過一千五百位嘉賓出席的盛大會場，場內以品牌位於攝政街（121 Regent Street）的旗艦店為靈感來源，搭建時裝秀場，將英國倫敦大秀移師上海，以實體與數位虛擬交錯表演形式，結合時裝、舞蹈表演、樂團演奏及數位藝術呈現濃烈的英倫風情時裝秀。這場魔幻大秀的時尚秀宣言，不僅告訴觀眾「未來」，「未來」更藉由科技栩栩如生地呈現在觀眾眼前。

一場好看的時裝秀，不僅在服裝設計的概念上要推陳出新，各家品牌拼場地、拼氣勢、拼創意，創造新鮮感與滿足客人的期待。Burberry於2016年首度將男女裝時裝秀合併，同時首推即看即買策略，全球100個國家的買家齊聚倫敦，從大秀現場83套服裝中下訂，一般消費者在時裝秀結束後可立即同步於官網及部分實體店買到新品，這項舉措確實讓Burberry在秀後的討論度及網路瀏覽率大幅提升，縮短了消費者與時裝秀的距離。其他品牌則懷疑這種作法將降低消費者因等待而對商品產生的期望值，也就是「未來成為現在」，破壞既有時裝週的商業機制，對商品製作期

程產生嚴苛的挑戰。美國時尚品牌Tom Ford在嘗試一次即看即買之後，就宣布再度回歸傳統體制。究竟時裝秀後要多快滿足消費者需求？還是營造消費者的渴望呢？現在來看這項作法，前提要先符合品牌特質與實際營運，接著觀察Covid-19疫情危機後線上消費行為的變化。

疫情影響下的時裝秀

2020年Covid-19疫情、社交距離管制對於時裝產業的衝擊與挑戰前所未有，不但四大時裝週無法順利舉行，各個品牌也開始思索時裝秀的運作模式、產品開發與時裝業的商業型態，例如針對B to B買手的線上平臺已崛起，2020年6月的倫敦時裝週，已運用了國際服裝交易平臺Joor.com的虛擬展示間技術，協助品牌進行展示、下訂及安排預約。雖然疫苗問世，但全球經濟受挫帶來的反消費思潮，直接挑戰過去動輒幾十萬、百萬美金花費的時裝秀作法。根據PwC管理顧問公司《2020全球消費者洞察報告》發現，疫情造成的行為模式改變，加速消費者在數位、健康、永續議題的關注[1]。而德勤管理諮詢公司《2020奢侈品全球力量報告》針對個人奢侈品公司所做的調查則指出，在永續的架構下，品牌將調整時裝系列作品結構與平衡服裝價格[2]。

觀察疫情影響下的時裝秀發表，歸納幾個現象：（1）對環境保護的倡議，永續時尚秀出現，並逐漸受到消費者、品牌等利益關係人的關注；（2）時裝秀已不受時間、空間限制，跳脫傳統時裝週日程，重新思考品牌定位、發表頻率及如何「出現」，例如義

---

[1] 普華永道資誠通訊（2020）〈2020年全球消費者洞察報告〉https：//www.pwc.tw/zh/publications/events-and-trends/c345.html檢索

[2] deloitte.com（2020）〈2020年時尚與奢侈品私人股權和投資者調查〉https：//www2.deloitte.com/content/dam/Deloitte/at/Documents/consumer-business/at-fashion-luxury-survey-2020.pdf

大利品牌Gucci在疫情期間減少時裝發表次數；（3）數位時裝秀發表比創意、比如何吸引線上觀眾，形式多元，例如線上直播、預錄影片、動畫秀、人偶時裝秀、微電影等，超脫時空界限，發揮創意體展現品牌特色，數位發表將成為時尚秀的基本配備。例如日本品牌Issey Miyake的模特兒走秀影片中，穿插了動畫特效來呈現服裝材質；義大利品牌Miu Miu以連線方式，邀請各國明星線上看秀；義大利品牌Moschino獨創「木偶秀」，將展示服裝尺寸縮小由木偶們代替走秀，還將未能到場的貴賓製作專屬木偶與服裝，包括美國《Vogue》總編Anna Wintour和英國《Vogue》主編Edward Enninful；（4）服裝秀縮小規模，堅持實體路線，兼做實況轉播，例如Dior、Jason Wu（只有30名賓客）。另外，臺灣設計師品牌Shiatzy Chen、Apujan雖在巴黎、倫敦時裝週以數位方式發表時裝概念，隨後於臺灣再舉辦一場實體時裝活動。臺灣設計師詹朴認為，與買家、媒體、時裝界有影響的人們齊聚一堂、交換心得，加上喝一杯香檳交流的時裝秀才有溫度、有記憶，這是數位秀無法取代的。

時裝秀的典範轉移（根本的改變）

　　法國開雲集團旗下的時尚品牌Balenciaga首席執行官Cedric Charbit在2020年四月一場訪問中談到，每季會邀請約六百位賓客參與時裝秀，另有六萬人在IG觀看直播，三十萬人在Twitter上討論直播。這些數據說明了什麼？品牌本身的官方數位媒體

（又稱自有媒體）及網路內容已成為大量觀眾獲得訊息、遠端參與時裝秀的來源，實體時裝秀作為一個起點，數位展示擴散時裝秀的影響，兩者和諧共存，創造最大品牌效益。Chloé創意總監Natacha Ramsay-LeviRamsay-Levi則表示：「受眾多來自線上，但我不會因此而扼殺實體時裝秀。時裝秀是一個非常美麗的時刻，在這裡可引發人們對談，我想保留住它人性化的一面。」也就是「觸摸」與「感受」。

從時尚社會學的角度看，時尚是從衣飾原料中產生的，時尚這種信仰，必須透過服飾來展現。那麼，時裝秀正是將服飾轉換成時尚的載體。時裝秀如同設計師的神壇，服裝、場景就是設計師的宣言，各類觀眾的參與完成了整個儀式，儀式帶來的影響造就了時尚。儀式可以是數位、實體或混合模式，儀式不再受限於次數、特定日期與地點，服裝發展納入永續思維，這些都打破了傳統時裝秀的思維，根本上顛覆了時裝秀每季疲於奔命模式，時裝秀（或者說時裝業）正走在轉變到下一個典範的路上。

典範轉移　ⁱ

美國科學史及科學哲學家Thomas　Kuhn於1962年《科學革命的結構》（*The Structure of Scientific Revolutions*）中提出典範轉移一詞，它是基本假設的改變，以新的思維與方式取代習以為常的思想與行為。

15 明星、名人與時尚名牌之愛恨情仇

歷經多年，我察覺服裝的重要意義是穿著它的女人。

YSL品牌創始人 | Yves Saint Laurent

　　時尚精品深諳明星、名人的影響力，明星、名人也清楚時尚精品的加乘效益，雙方最早的火花始於1940年代的電影明星穿著設計師的禮服出現在夜總會，具吸引力的穿著造型逐漸成為明星、名人的個人特色與成功的關鍵之一。尤其在社交平臺上，眾多影視名人的居家服、機場休閒裝或典禮造型的即時曝光，都會引發討論，讓娛樂與時尚產業的關係更形緊密。

　　所謂「名人」，學者定義為「在某些特定人群中獲得公眾認可的人」，他們在所屬的職業中表現出色，因此獲得公眾的認識、認可，包括演員、歌星、名主持人、球星、藝術家、企業家等；還有基於欽佩、聯想、渴望或認可等要素的名人，如英國威廉王子、卡達王妃、日本天皇德仁等皇室成員，或是名人眷屬，例如英國男星裘德‧洛（Jude Law）的女兒Iris Law等。名人會吸引一個共同的參考團體（reference group），參考團體會影響個人的價值觀與態度，並提供消費者購買決策的參考[1]。

---

[1] Djafarova, E., & Rushworth, C.（2017）. *Exploring the credibility of online celebrities' Instagram profiles in influencing the purchase decisions of young female users.* Computers in Human Behavior, 68, 1~7.

明星、名人的影響力

這種參考關係的形成可以用「垂滴理論」（Trickle-down Theory）來解釋，就是經由社會當中名人、富人的時尚裝扮之引領，逐漸影響中產階級進而採納，接著往底層滲透[*2]。因此，名人成為帶領時尚潮流的先驅，時尚精品藉由這個擴散的過程，讓設計師的作品更廣泛地被大眾看到。以Hermès柏金包為例，1981年，英國藝人及歌手珍·柏金（Jane Birkin）搭飛機時，包包內的物品不小心掉了出來，Hermès執行長Jean-Louis Dumas碰巧坐在她旁邊，因此決定生產一款有內袋的手提包，柏金包在1990年代起熱賣，量少質精且保值，經常需要排隊等貨數年，並優先提供忠實顧客購買，經由垂滴方式，已成為供人仰望的夢幻包款。

明星、名人的影響力，部分是來自高知名所帶來的可信度。根據「來源可信度理論」（Source Credibility Theory）[*3]，可信度是指一個人對訊息真實性的感知，而來源可信度就是消費者對於從訊息來源的感知，這個感知是多維度的，包括由訊息源所背書的吸引力、可信賴度與相關知識，以作為消費者對訊息來源的評估手段。瑪麗蓮·夢露在一次媒體訪談中談到：「人們問我，你睡覺時都穿什麼？是成套睡衣，還是禮服呢？我回答『通常擦上幾滴Chanel N°5香水而已。』」這段訪談不僅成為N°5傳奇的一部分，Chanel N°5香水更因國際巨星的喜愛，而獲得眾多消費者青睞。類似這種非計畫性的名人效應是可遇不可求的。2012年11月，凱特王妃穿著Max Mara Studio's的白色喀什米爾高領Belli大衣、腰間繫了一條蝴蝶結細腰帶訪問劍橋，這個穿著曝光後，該件大衣

[*2] Miller, C., Mcintyre, S., & Mantrala, M.（1993）*Toward Formalizing Fashion Theory. Journal of Marketing Research*, 30（2），142~157.

[*3] Djafarova, E., & Rushworth, C.（2017）*Exploring the credibility of online celebrities' Instagram profiles in influencing the purchase decisions of young female users.* Computers in Human Behavior, 68, 1~7.

立即引發消費者追逐，並銷售一空。Max Mara支付皇室智財費用，在隔年秋冬推出Kate Coat復刻版大衣，共有駝色、海軍藍等六種顏色以因應顧客需求，而凱特穿的白色則策略性的絕版不再生產。

明星與品牌配對

從訊息來源的可信度效果來說，契合度是明星與時尚品牌或代言產品配對的關鍵，有時配對不當會產生無效果或反效果。美國時尚品牌Michael Kors（MK）的代言人是號稱帶貨女王的中國女星楊冪，兩者搭配得宜，讓MK包款廣受小資女歡迎，但楊冪與代言牙膏品牌合作的特製限量版產品，銷量卻不理想，還引發社交平臺上的負評，顯見「適合度」出了問題。換言之，就是時尚美妝類與日常生活用品類的產品知識不同，欠缺該領域經驗的明星的代言可信度或說服力都會下降。因此，除了知名度外，品牌需考慮品牌定位、產品、目標對象屬性，慎選合作明星。另外，當品牌碰到合作的明星名人出狀況時，也可能遭池魚之殃，例如英國名模Kate Moss曾經發生吸毒醜聞，在保護品牌的前提下，合作廠商紛紛切割代言或終止活動合作，以免顧客反彈。

多元合作模式

時尚精品與明星、名人的合作由來已久，彼此的合作類型也越趨多元，包括品牌出借服裝給明星進行電視、電影拍攝、典禮紅毯出席，品牌微電影錄製，品牌邀請名人參與同名款產品的設

計，品牌廣告代言，出席時尚活動或新品發表會，媒體拍照、名人贊助等，皆是品牌傳播的不同方式。

影視、時尚合作

《穿著Prada的惡魔》（*The Devil Wears Prada*）、《慾望城市》（*Sex and the City*）等電影及美劇《花邊教主》都是影視和時尚產業合作的代表。《穿著Prada的惡魔》2006年上映時，吸引顧客到精品店，要求購買由安・海瑟薇（Anne Hathaway）所穿戴的同款長版珍珠項鍊與過膝長靴，由於品項已過季售罄，顧客只好挑選類似款式，滿足電影引發的購買慾，意外帶動配件銷售。電影《大亨小傳》（*The Great Gatsby*）於2013年上映，改編美國文學家費茲傑羅（F. Scott Fitzgerald）同名經典小說。費茲傑羅本身就是Tiffany珠寶的愛好者，Tiffany & Co.也贊助影片中女主角的華麗珠寶，Tiffany參照1920年美國爵士年代的氛圍、裝飾藝術的影響及圖庫為電影設計了多款作品，順勢提高了品牌的關注度；男主角在劇中所配戴的Tiffany Zeigfeld黑瑪瑙純銀戒指也獲得消費者高詢問度，男士的戲服由美國品牌Brooks Brothers設計，該品牌也趁勢推出限量西服，賺面子也賺裡子。2019年上映的《瘋狂亞洲富豪》（*Crazy Rich Asians*）中的每位演員都按角色量身打造裝扮，包括義大利品牌Valentino、Dolce&Gabbana，臺灣品牌Shiatzy Chen、新加坡品牌Q Menswear等都是幕後時尚功臣。時尚精品作為電影最佳配角，既為品牌創造新的話題內容，又開拓潛在顧客。

> ### 裝飾藝術（Art Deco）[4]
> 法文「Arts Décoratifs」的縮寫，來自於1925年在巴黎舉行的國際現代裝飾藝術和工業藝術博覽會，如同所有形式的藝術一樣，裝飾藝術是生命本身的一種表達，時代議題決定它的形式，技術也成為其中一部分。此風格流行於1920~1930年代，影響了建築、劇院、家具、珠寶、繪畫、時鐘等。在與服裝相關的產業中，珠寶是最明顯的裝飾藝術，寶石和金屬的價格以及使用壽命長，使珠寶具有不朽的價值。

兵家必爭之紅毯

　　頒獎典禮紅毯可說是兵家爭豔之地，從坎城影展、金球獎、金像獎等國際級大型活動，到區域型的東京國際電影節及臺灣金馬獎頒獎活動等，明星、藝人傾力在造型、妝髮方面花盡心思，時尚品牌也處心積慮出借服飾、珠寶給「目標明星」，為的就是博取青睞、獲得正面曝光。紅毯的影響力不僅是當下粉絲觀眾的焦點與媒體報導，還有後續的紅毯穿著評比、脫口秀、口耳相傳以及品牌的二次宣傳等邊際效益，不論好壞，在紅毯上的表現都會永遠被記錄。亞曼尼先生是個中高手，他與眾星雲集的好萊塢關係匪淺，從1980年代以來的奧斯卡頒獎典禮紅毯上，知名美國女星蜜雪兒·菲佛（Michelle Pteitter）、朱蒂·佛斯特（Jodie Foster）都穿著Armani的禮服，2014年凱特·布蘭琪（Cate Blanchett）穿的禮服來自Armani Privé高級訂製服，上面繡著數百種施華洛世奇水晶。

---

*4 Charles, V.（2012）. *Art Deco*. Parkstone International.

報導總有兩面，有時一張明星紅毯美照佳評如潮，有時，紅毯穿著評比結果不佳的報導也導致明星與品牌遭受嘲笑奚落，某些評審、媒體還會進行多次負面傳播，這讓提供明星服飾的品牌公關人員戰戰兢兢，凡事都要得到總部的許可才能執行出借任務，還要避免撞衫。而明星、經紀人、造型師對衣服搭配的意見不一，經常在最後一分鐘才做決定，整個服飾出借過程的緊張、辛酸，業內人士是如人飲水，冷暖自知。這也考驗時尚品牌與明星團隊的關係、信任程度、品味與溝通，若合作過程與紅毯效果良好，雙方就有機會長期合作。

　　現在的紅毯擴大使用到重要人物的出席、正式場合的活動中使用，例如各大國際頒獎典禮。頒獎旺季每年從10月的倫敦影展起跑，對明星、電影、時尚及珠寶產業而言，是曝光與宣傳的最佳場域之一。走紅毯的明星們需要髮型師、造型師、化妝師、服裝與珠寶品牌通力合作，打造紅毯造型。

名人同名款產品

　　柏金包就是「名人同名款產品」，其他經典的案例有Dior黛妃包、Max Mara為女星珍妮佛・嘉納（Jennifer Garner）量身打造的J Bag等。時尚品牌會為形象好、氣質符合該品牌等級明星量身打造同名產品，以名人背書吸引消費者。為替產品加入新元素與話題，品牌亦會邀請明星以創意設計詮釋經典包款，例如歌手蔡依林設計的Fendi Peekaboo包款，以兩個不同表情的臉譜訴說人生的選擇，該包款在香港展出後拍出，所得捐給慈善團體。

另一種情形恰好相反，品牌發現某位名人自發性地、長期地採用品牌的產品，因而將該產品改以名人的名字命名，更顯說服力。英國黛安娜王妃曾經在義大利品牌Tod's精品店中購買D Bag，正式的晚宴或出訪非洲的場合經常提著D Bag，Tod's隨後將該包款以Diana的字首D，將包款命名為D Bag，受到女星如妮可·基嫚、黛安·克魯格（Diane Kruger）及凱特王妃的喜愛。

品牌代言人與品牌之友

　　「代言人」（spokesperson）或「品牌大使」（brand ambassador）之於時尚品牌，是水幫魚、魚幫水，不論代言產品或品牌，明星與品牌彼此都有諸多考量，例如品牌的價值、屬性、風格與代言人的契合度、品牌的業務發展考量、代言人的成就與未來發展性、代言人對品牌的忠誠度、工作範圍、期間與價碼、利益迴避等。以女星周迅為例，從2007年初成為Chanel春夏巴黎高級訂製服秀的首排座上賓以來，兩方互動良好，2009年底，周迅參加Chanel「巴黎－上海」工坊系列大秀，並在秀後派對中高歌一曲〈夜來香〉獻給卡爾·拉格斐，2011年秋，周迅正式成為Chanel中國形象大使。拉格斐說：「她像是年輕的香奈兒與芭蕾名伶Zizi Jeanmaire的綜合體。有型、現代、有個性！」由此可見，要成為國際品牌大使，除了明星本身的努力與潔身自愛外，雙方團隊需要長時間建立關係與信任感。在《組織－公眾關係》的研究中曾提到信任、開放、參與、投資和承諾的關係可以用來預測消費者的行為[5]，同樣的說法也適用於此。

---

*5 Bruning, S., & Ledingham, J.（1998）*Organization-public relationships and consumer satisfaction*：*The role of relationships in the satisfaction mix.* Communication Research Reports, 15（2）, 198~208.

另一類應邀參與時尚品牌活動的明星名人，稱為「品牌之友」（friends of brand），涵蓋的對象較為廣泛，諸例明星、新竄紅的藝人、超級名模、知名意見領袖等。這類合作通常是短期、單次或特定的項目，不具有代言人的身分及排他性。像是德國時尚品牌MCM 2019年在日本東京銀座開設全球最大旗艦店開幕時，邀請了日本星二代木村光希、曾擔任時尚雜誌德國版的時尚編輯Veronika Heilbrunner等人，被邀請者都需經過篩選、符合品牌精神且具有時尚影響力。名人明星邀約還要考慮「質」（代表性、影響力等）而非量，過多的名人可能會模糊活動焦點或令觀眾彈性疲乏，最後還要進行口碑、聲量等效果評估以為參考。

名人贊助

名人贊助形式包羅萬象，有音樂會、各類表演、時尚街拍、平面雜誌拍照等。名人贊助是義大利品牌Versace傳播中的重點策略，用來闡述Versace的個性與性感奔放之品牌精神。對於有相同DNA的歌星Lady Gaga，Versace出借古董衣供〈The Edge of Glory〉MV拍攝，也提供巴洛克服裝、美杜莎頭飾等作為她表演之用；2013年時，Versace也曾贊助西班牙足球皇家馬德里隊的正裝與球衣。在時尚街拍興起後，時尚品牌經由提供自家產品出借或贈送給明星進行置入，希望藉由自然的街拍，讓服飾配件輕鬆地透過媒體或社交平臺呈現，以創造熱門必買商品話題。

名星效應盛行多年，最終顧客所認定的心理價值才是關鍵，要有好品質的產品與長期的品牌經營，明星的效益才會顯現。

16 燃燒中的網紅、時尚意見領袖之口碑效應

自稱創意工作者必須自我充電，你無法一天24小時活在鎂光燈下並保持
創意。 如同我輩，孤獨即勝利。

時裝設計師 | Karl Lagerfeld

在沒有社交平臺之前，「意見領袖」（Key Opinion Leader, KOL）早已經常被運用在行銷傳播上，進行口碑宣傳與第三者背書。通常是學有專長的各領域專家、名人或影響者，例如皮膚科醫師為保養品品牌解析成分、設計師推薦高檔廚具、彩妝師試用及評價眼妝產品等。1940年，美國傳播學者Paul F. Lazarsfeld發現訊息從大眾媒介到受眾，中間經過意見領袖，這些中介者再將訊息消化整理後傳遞給受眾，形成「兩級傳播」（two-step flow）[1]。換言之，信任度高，又非以說服為目的之意見領袖，成為了受眾的訊息來源，這群人就是「影響者」（influencer）。

KOL與網紅經濟

意見領袖或所謂的「網紅」，就是社交媒體影響者（Social Media Influencer, SMI）。Instagram、YouTube、微博、TikTok（抖

---

[1] Lazarsfeld, P., Berelson, B., & Gaudet, H.（1948）*The people's choice：how the voter makes up his mind in a presidential campaign*（2d ed.）. New York, Columbia University Press.

音)等平臺上，都有各自活躍的網紅以及追隨者；這類在特定領域具有影響力的網紅或KOL，被視為是提供個人的、可信賴的、易於接觸的，並且是與受眾有關的訊息來源。網紅行銷為一種原生廣告形式，網紅將廣告內容與非廣告的發文同時呈現，品牌藉由與網紅的付費合作產製內容以觸及更廣的社群受眾[*2]，並透過網紅的試用、分享，尋求正面的品牌評價。美妝、個人保健、快銷品，甚至金融業等都會運用KOL協助品牌提高知名度、轉換率及業績。

　　網紅獲利的方式有什麼呢？如電商平臺上直播銷售產品、品牌產品廣告置入、粉絲打賞分潤分成、將個人內容IP化變現（出售周邊商品）等，有的知名網紅甚至自創品牌成為經營者，例如《富比世》雜誌認證為「第一時尚網紅」的義大利網紅始祖Chiara Ferragni，成立了全球時尚品牌Chiara Ferragni（琪亞拉·法拉格尼）。網紅已從個人起家轉變為組織化、公司化，相應的生態圈有：網紅經紀培訓公司、造型美妝、社交平臺、數據行銷公司、影視內容製作單位、技術服務公司等，逐漸成為整個經濟體的一環。另外，還有AI科技公司創造出虛擬網紅也加入戰局。虛擬網紅的優點是不會犯錯，永遠保持最佳狀態，可以穿上任何服裝，例如Lil Miquela是一位巴西裔美國時尚虛擬網紅，在IG上有百萬以上的粉絲，她已為Moncler、Prada、Diesel、Calvin Klein等品牌擔任模特兒，也推出自有服裝系列。2020年中國國際金融公司研究部門報告指出，技術、產業、資本等推動了網紅經濟，並對流量、

---

*2 Stubb, C., Nyström, A., & Colliander, J.（2019）*Influencer marketing.* Journal of Communication Management, 23（2），109~122.

管道、行銷、商業模式等帶來革命性的影響。上海、深圳股市中網紅經濟概念股的出現，也說明了網紅經濟的前景。

網紅的選擇與類型

網紅需要整理、詮釋訊息，提出自己的觀點，創作出粉絲難以抗拒的優質文字、影音等作品，這是培養粉絲也是吸引品牌合作的重要條件之一。「社交媒體影響者模型」（Social Media Influencer Model）指出[*3]，網紅（或影響者）所產製之內容的訊息價值、網紅的信任度、吸引力以及與粉絲的類似度，會影響粉絲對網紅的品牌貼文之信任，進而影響品牌知名度和購買意圖。因此，網紅需要充分了解社群、人口統計變量、跨世代經驗與粉絲經營。粉絲數、點讚數、留言數、轉發數，與粉絲的「互動率」夠好，才能獲得品牌的青睞。

實務上，通用的互動率公式為整體互動數（含點讚、留言、分享）除以總粉絲數，乘以100；不同的平臺有不同的互動形式，

互動率（Engagement Rate）公式： i

整體的互動數（含點讚、留言、分享）÷總粉絲數×100

其他關鍵數據

CPE（Cost Per Engagement，每次互動成本；engagement＝like, share, comment）或者CPV（Cost Per View）。

---

*3 Lou, C., & Yuan, S. （2018）*Influencer Marketing：How Message Value and Credibility Affect Consumer Trust of Branded Content on Social Media.* Journal of Interactive Advertising, 1~45.

也可拆分不同的互動形式（例如：僅選擇留言）來計算，同時，每一種互動的比重未必相等，也可以根據需求做調整。一些AI或數據公司會透過資料庫分析網紅在社群平臺上的粉絲數、互動率、互動數、觀看數、即時社群成長速度「漲粉率」，加上關鍵字搜尋與主要目標群比對，為客戶找出適於合作的網紅。

網紅數據   i

平臺數據：追蹤數	
互動數據：按讚、留言、分享、觀看	
貼文數據：標題、內文、Hashtag	
粉絲數據：用戶貼標	

　　學者與網紅行銷從業人員以粉絲數量，將網紅區分為：微型網紅（micro-influencer）、中型網紅（meso-influencer）和巨型網紅（macro-或maga-influencer）三個層級*4。微型網紅的粉絲數在一萬人以下，多為一般素人；中型網紅從一萬到百萬粉絲，通常有全國知名度，是專業的全職KOL，例如臺灣時尚網紅莫莉、泰國美妝網紅Fah　Sarika；巨型網紅多為跨國知名明星，粉絲超過百萬，例如日本女藝人渡邊直美、美國電視名人與模特兒Kylie　Jenner、葡萄牙足球巨星Christiano　Ronaldo等。由於實務運作考慮，也有分為四級或五個級距。根據調查發現，2019年美國IG上網紅的互動率，按照關注者數量顯示，擁有五千粉

*4　Boerman, S.（2020）. *The effects of the standardized instagram disclosure for micro- and meso-influencers.* Computers in Human Behavior, 103, 199~207.

絲以下的網紅互動率達4.6%，高於2018年3.9%，也優於2019年百萬級網紅的1.39%互動率。這賦予粉絲數量低於五千的奈米網紅（nano-influencer）更多的機會以及在兩級傳播下新的角色與功能，相較於中、大型網紅，奈米網紅的人選多、類型多、價格低、互動性高，至於如何運用各級網紅，端看品牌的需求、預算與目的。在YouTube平臺中，則將影響者分為有大量粉絲的「頭部創作者」以及有特定專業領域的「主題意見領袖」，前者有「曝光」的效益，後者可進行「深度溝通」。

時尚品牌與網紅

　　時尚品牌本身就極具自我風格又重視形象的一致性，對於合作網紅的選擇也非常謹慎，除了前述的技能與數據硬指標之外，網紅本身的特性、風格、態度、社群專長與過往表現也是品牌考慮的重點，是否符合品牌調性也是關鍵，品牌會透過綜合性的評估選擇適當的人選及各種創意合作內容（例如：出席活動、拍攝影片或照片、產品試用等），以發揮網紅效益及避免可能的負面口碑風險。雙方需要磨合、了解，培養默契，以目標為導向。

　　以多彩、混搭為風格的韓國模特兒網紅Irene Kim，經常分享穿搭，並被邀請參加時裝週以嘉賓身分坐在第一排。Irene Kim曾與Chanel多次合作，例如以街拍風格拍攝Chanel Coco Crush菱格紋戒指短片；導覽Chanel在香港、韓國舉辦的「Mademoiselle

Privé」展覽並參加開幕派對。2013年在北京舉辦的Chanel「小黑外套攝影展」，曾經擔任過時尚雜誌編輯的中國時尚達人韓火火，被品牌邀請拍攝、詮釋經典的小黑外套，也曾參加Chanel巴黎大秀。這兩位網紅的鮮明風格與高人氣是雀屏中選的關鍵，非常懂得混搭品牌單品與其他服飾，獨特的魅力與風格也影響粉絲們，十分符合Chanel在穿搭與形象上持續年輕化的策略。

　　千禧世代的年輕消費者是時尚精品的目標消費群，Versace與來自紐約的潮牌Kith推出聯名系列，並由IG粉絲千萬的超模Bella　Hadid拍攝形象廣告，搶占超模粉絲群的「心智占有率」（mind　share），意指粉絲心中優先想到的品牌。Salvatore Ferragamo也配合多位全球知名IG網紅透過影片演繹Gancini Monogram字母標示服飾系列，為了接地氣與年輕世代對話，影片的腳本也由參與的網紅發想。這項創意手法，是以年輕人對年輕人的方式述說品牌故事，在拍攝的內容中加入Ferragamo總部大樓、精品店、佛羅倫斯等品牌元素的場景，既幽默又凸顯品牌視覺識別。網紅行銷也呼應了行銷大師Philip Kolter所說「4C」當中的兩項——共創（co-creation）與對話（conversation）。品牌獨白、獨大的時代已過去，新的商業或行銷傳播典範是品牌與利益關係人共創、共享與共好。

Ferragamo邀請全球知名時尚網紅演繹
品牌Gancini Monogram服飾。（圖片
提供：Salvatore Ferragamo）

Bobbi Brown × Molly

國際彩妝品牌Bobbi Brown（芭比波朗）計畫在亞洲、美洲、中東尋求三位KOL合作推出聯名唇膏，當時提供給參與競逐網紅的預算僅有數萬元臺幣，臺灣網紅莫莉（Molly）自掏腰包，帶著整組人員飛到紐約參與競賽，最後在不畏懼做自己的個性下，莫莉脫穎而出，獲得亞洲區的合作機會。該次主要工作內容為產製一組白背景的棚拍照片作為彩妝專櫃陳列素材、製作社群開箱試色影片以及掛名合作唇膏。

有關產品設計，首先考量亞洲女性所需顏色，第二是莫莉本人也認為好看的唇膏，產品命名為「Molly Wow」，旨在表達令人驚豔、很「Wow」（了不起、讓人讚嘆）的事。

由於第一次與國際品牌合作，為了不輸給另外兩位網紅，就算在客戶預算

有限的情況下，莫莉仍決定到非洲拍形象影片呼應「Wow」的精神，在不以賺錢為目的、但產品必須賣翻的自我期許下，讓本來只期望「棚拍」的客戶大為驚喜，額外得到許多圖片、內容可做行銷之用。

在這個案例中，除了到非洲拍片，莫莉在臺灣也參與一日店長、Molly Wow比賽、KOL聚會等行銷活動，成果是臺灣進貨一千只唇膏，第一天開賣10分鐘即完售，韓國部分雖無實際數據，但粉絲到當地專櫃拍照，莫莉唇膏也都銷售一空。莫莉不僅超越客戶期待也增進個人品牌價值，Bobbi Brown選擇網紅的合作模式，與放手網紅創作的策略也奏效。未來，雙方仍需考慮合理預算與投入時間才能長久。

17 隱藏於影像中的時尚身影與記憶

每個世代都嘲笑舊時尚，但虔誠地跟隨新流行。

美國作家 | Henry David Thoreau

　　藉由電影或紀錄片的視覺敘事，闡述時尚人物或品牌的過往與經歷，可以較完整地了解設計師或時尚人士的思考與作品。影像記錄了時代，也解析不同時代下的時尚身影。根據「歷史連續性模型」（Historical Continuity Model）指出，每一種新時尚都是前一種時尚的進化產物以及對過往時尚的闡述*1。觀賞時尚電影就有這種走入時光隧道，過去與現在時空交錯之感，如《范倫鐵諾：時尚天王》（*Valentino：The Last Emperor*）記錄了品牌的發展、被收購，直到最後一場高級訂製服登場，Valentino說：「我熱愛美，這不是我的錯。」對於時尚迷而言，透過網路隨選串流影片的OTT服務公司提供許多時尚紀錄片，是了解時尚產業與時尚工作者的好途徑，包括《馬諾洛：為蜥蜴製鞋的男孩》（*Manolo：The Boy Who Made Shoes for Lizards*）述說製鞋鬼才Manolo Blahnik；《時尚天后的繽紛人生》（*Iris*）談的是風格潮奶奶Iris Apfel；《超級名模推手》（*Casablancas：The Man Who Loved Women*）描述超級模特兒的催生；《法蘭卡：

---

*1 Miller, C., Mcintyre, S., & Mantrala, M.（1993）*Toward Formalizing Fashion Theory.* Journal of Marketing Research, 30(2), 142~157.

混亂與創造》（*Franca：Chaos and Creation*）述說被稱為義大利「時尚教母」的時尚總編輯生平等。這些時尚人士有個共同的特色，有型、又有風格！（編註：時尚總編作品延伸參考積木文化出版《Fashion Week臺上臺下》，2019。）

紀錄大師的時尚電影

《時尚大師聖羅蘭》（*Yves Saint Laurent*）電影榮膺2014柏林影展開幕片，並蟬聯法國雙週票房冠軍。這部影片敘述他戲劇化的一生，對服裝設計有獨特品味的他，二十一歲就接下Dior品牌的設計總監大位，並以如同三角形般、上窄下寬搖曳的連身裙裝「trapeze line」，在第一場Dior服裝秀中一夕成名。爾後，聖羅蘭與事業夥伴與摯愛Pierre Bergé於1962年共同成立YSL品牌，電影中的第二場時裝秀是取材自荷蘭畫家Piet Mondrian的紅、黃、藍加上黑色線條的幾何圖案名畫，於1965年所設計出一系列的風格女裝，他將平面色塊以立體剪裁方式呈現身體線條，強烈的視覺與藝術性震驚了時尚界。雖然聖羅蘭屢屢證明自己打破性別界限、引領時尚革命，仍自陷於內心的偏執、憂鬱與同性戀陰影，電影中也真實呈現他酗酒、嗑藥的脫序生活，最後在Pierre Bergé的陪伴下於2008年6月1日辭世。

《時尚大師聖羅蘭》電影內容細膩，從故事的鋪陳及電影上映周邊的活動，例如YSL「拼接時尚五色眼彩盤」順勢上市，有許多可學習的時尚「眉角」，比如時尚如何從藝術取材，服裝從手繪稿到製作的過程，設計師如何呈現自我風格，還有幾場經

典的Dior與YSL服裝秀。片中，時尚秀前紊亂的後臺與工作人員的緊繃心情、走秀當中的緊張情緒與會場中的屏氣凝神，以及秀結束之後的觀眾反應與設計師謝幕，都相當逼真傳神。考究的時尚電影其中一項挑戰就是要精準對應當時代的服裝，導演Jalil Lespert表示：「還好Bergé與他的基金會提供珍貴的聖羅蘭原始服裝與真實手稿，才能讓電影中的衣服完美呈現二十年間不同時期的流行款式。」在聖羅蘭家族傾力協助下，導演拍攝了一部史詩格局的愛情結合時尚的故事，更趨於真實面貌的聖羅蘭傳奇故事出現了。這裡的關鍵詞是真實，除了還原場景、作品，究竟傳記電影是要完全紀實還是得經由修飾以顧全當事人或品牌？這種拉鋸在西方世界與東方文化間經常出現，不過，作為永續經營的品牌，加上網路訊息無遠弗屆，市場透明度越來越高，真實性反倒成為差異化的證據。

> **品牌真實性（brand authenticity）** i
> 品牌真實性為品牌的感知真實性，體現在品牌的穩定性和一致性（即連續性）、獨特性（即原創性）、信守承諾的能力（即可靠性）和不受影響（即本質性）四方面。

　　「品牌真實性」是品牌行為被認知的一致性，反映品牌核心價值和規範，由於被認為對自己是真實的，所以不會損害品牌本質[2]。天縱英才的伊夫聖羅蘭雖有脫序生活，但他念茲在茲的「時尚易逝、風格永留存」的堅持，不減世人對其才華的讚賞。

---

[2] Fritz, K., Schoenmueller, V., & Bruhn, M. (2017). *Authenticity in branding–exploring antecedents and consequences of brand authenticity.* European Journal of Marketing, 51(2), 324~348.

適逢Chanel一百週年時，兩部有關香奈兒女士的傳記電影出爐，《時尚女王香奈兒》（*Coco Before Chanel*）以及《香奈兒的祕密》（*Chanel Coco & Igor Stravinsky*），前者講述她成名前的故事與創業，後者著重在成名後的戀情與事業。導演各自從不同的角度詮釋主人翁的生平，品牌當時並不涉入導演的敘事手法與觀點，僅提供服裝諮詢與手稿，也就是讓電影歸電影，由觀眾自己解讀劇情。這兩例子共同都提到服裝與手稿，事實上，多數的時尚品牌都會建立典藏中心來保存歷屆設計師的作品、手稿、圖片、訂製服等，等同品牌的資料庫，規模大的品牌甚至設立基金會、博物館來收藏相關作品，好比YSL基金會、Chanel典藏館、Gucci博物館等，都是品牌的資產。

皮埃爾‧貝熱－伊夫‧聖‧羅蘭基金會（Fondation Pierre Bergé-Yves Saint Laurent） ⓘ

由聖羅蘭生前伴侶 Pierre Bergé 成立的基金會。基金會成立兩座博物館以紀念著名的聖羅蘭，一個博物館位於巴黎，地址是馬索大街5號（5 avenue Marceau），另一個博物館在摩洛哥的馬拉喀什（Marrakesh）。

Gucci博物館

展出義大利時裝和皮革製品製造商Gucci的故事，從佛羅倫斯起家，如今已成為全球知名品牌。博物館另設有一個專門供國際知名藝術家進行當代藝術展覽的空間。

雖然電影發行與品牌無關，品牌仍會藉著電影上檔邀請VIP客人與媒體觀賞，維繫關係，增強品牌的延伸連結及口碑效應。學者的研究指出，品牌會概念化成為記憶中的一個類別，品牌延伸（brand-extension）的評估會通過個人記憶中母品牌（parent-brand）類別，和延伸類別之間的感知相似性進行調節*3。當所延伸的產品屬於體驗性質且為無形的商品（例如電影）時，相異的延伸將比相似的延伸更受青睞。由此可見，顧客在尋求多樣性的行為下，設計師同名電影賦予時尚品牌超乎產品外的好感，電影全球性的曝光也為品牌加分，就像《璀璨風華Dior之夜》（*Dior and I*）述說一場高級訂製服秀的臺前幕後，一窺Dior設計師Raf Simons的心路歷程，《時尚鬼才：McQueen》（*McQueen*）紀錄片剖析設計師McQueen從覬覦男孩到引領時尚的天才設計師，他的秀結合機器人、立體投影、3D裝置等，引發觀眾複雜情緒。

　　電影並不是狹隘的宣傳工具，而是傳達精彩故事的媒介，時尚品牌仍會根據原著、劇本、導演、演員等多方因素，選擇性的支持、參與或推辭電影的拍攝。

時尚紀錄片與時尚工作者

　　除了設計師之外，時尚產業中還有許多類型的工作者，如時尚編輯、模特兒、時尚達人等，不少紀錄片是以這些對象與其工作內容為出發。如美國《Harper's Bazaar》及《Vogue》編輯Diana Vreeland，總是打破傳統美的價值，挖掘個人自我，如果你個子很

---

*3 Sood, S., & Drèze, X. (n.d.). *Brand Extensions of Experiential Goods：Movie Sequel Evaluations.* Journal of Consumer Research, 33(3), 352~360.

高，就穿上高跟鞋盡量更高，讓缺陷變美，《時尚教主：黛安娜佛里蘭》（*Diana Vreeland：The Eye Has to Travel*）紀錄Diana的生平及職業生涯，以及如何引領二十世紀美國的時尚轉變。

《時尚惡魔的聖經》（*The September Issue*）紀錄片則聚焦於時尚雜誌從無到有的製作過程，看美國版《Vogue》總編輯Anna Wintour如何帶領團隊製作每年最重要的9月號，因為9月就是時裝界的1月，一個新的起點。過程中的意見歧異，犧牲已完成的攝影作品，決定誰的作品會放進雜誌內容，哪些會被剔除，決策權就在Anna手上。設計師Thakoon說，Anna就像是跳出傳統框架的歌手瑪丹娜，讓1300萬美國讀者看到一鳴驚人的9月刊是她的使命。

Anna Wintour　　　　　　　　　　　　　　　　i

自1988年起擔任美國版《VOGUE》雜誌總編的安娜溫圖，最為大眾所知的是從2006年電影「穿著Prada的惡魔」開始，影片中由女星梅莉‧史翠普（Meryl Streep）所飾演的總編輯據說就是影射安娜溫圖。安娜溫圖很少主動滅火，她的哲學是任由外界隨意傳述，講到最後題材了無新意，諜傳也就停止了。她的工作哲學與作風是要求完美、不輕易妥協。

影片中，時尚設計師們如Vara Wang、Jean Pual Gaultier、Oscar de la Renta、卡爾‧拉格斐與Anna開會討論新一季服裝的去留，展現她「往前看」的眼光與選擇。另一部紀錄片《巴黎時尚女魔頭》

（*Mademoiselle C*），主角為曾任巴黎版《Vogue》總編輯的Carine Roitfeld，是時尚圈中可與Anna Wintour一別苗頭的對手，片中講述她自創《CR Fashion Book》雜誌誕生的挑戰，五十九歲的她當了外婆還在家裡練習芭蕾，保持高度的時尚感，自創品牌AZfashion的設計師Elbaz說：「Carine是真正的夢想家，充滿愛與尊敬。」

《超級名模推手》講述Elite模特兒經紀公司創辦人Johan Casablancas從沒沒無聞到成功崛起的故事，當中還有婚外情醜聞。他被戲謔擁有全世界最棒的工作，旗下的名模有Cindy Crawford、Linda Evangelista、Naomi Campbell等。《時尚天后的繽紛人生》敘述只會打破規定、超級有型的最高齡時尚指標Iris Apfel，她總愛戴個圓圓大眼鏡與誇張飾品，且善用各種服飾配件創造新的觀點，她收集了大量高級服飾與珠寶，出借給大都會藝術博物館展出後聲名遠播。「女人都會年華老去，但只要男人對她專情，就能青春永駐。」影片中這番話，就是對Iris最佳的註解。

微電影敘事

不同於電影與紀錄片，微電影（micro film）則是故事行銷或內容行銷的一種形式，可以作為形象、產品或旅遊宣傳、公益推廣、商業訊息傳播或創意表達[*4]。Chanel官網不時會推出《Inside Chanel》微電影，每個章節都以一支短片講述一個主題，第一章講N°5香水、第十四章演繹Chanel的時尚詞彙、第二

*4 Shao, J., Li, X., Morrison, A., & Wu, B. (2016). *Social media micro-film marketing by Chinese destinations*： *The case of Shaoxing*. Tourism Management, 54, 439~451.

十八章談香奈兒女士與電影的緣分與經歷。對於品牌有興趣的人可透過影像快速了解品牌歷史，再透過Facebook、Twitter、IG進行轉發，這種訊息的擴散被定義為「一種透過社交媒體平臺的上下文」，將訊息從個人傳送給其他人的現象，是內容行銷的重要機制。

微電影敘事有幾個優點，包括：短時間講個吸引人的故事、製作成本相對較低、快速的周轉時間、易於在社交媒體擴散、可發展為系列影片或作為廣告片等。通常搭配整合行銷傳播擴散效果更佳，手法有透過員工個人社交媒體帳號推播、在多平臺購買橫幅廣告（banner）或置入、以電子郵件或訂閱方式不定期寄送、媒體的報導、網紅轉發等。LV在2008年推出首支廣告微電影《Where Will Life Take You?》以各國旅人、城市與大自然的交會呈現品牌精神，2012年以法國巴黎羅浮宮為景拍攝第二支影片以傳遞品牌價值，之後幾年陸續推出多支LV旅行微電影，「旅行哲學」成了LV旅行箱的意象，也拉高了LV與觀眾或潛在消費者的對話層次與品牌價值。

電影向來是集合各類藝術的大成，舉凡戲劇、音樂、影像、美術、攝影等缺一不可。時尚成為電影主題或作為電影中的配角，皆為烘托彼此，綿密的策劃與細節安排也是時尚電影為何總是引人入勝之處。記得，看時尚電影，看劇情也要看時尚門道。

18 玩不膩的爆點，*1+1*大於2之跨界聯名

合作的重點在彼此截長補短，此為創建新事物之道。

LV男裝創意總監｜Virgil Abloh

　　時尚就是一種「混搭」的狀態，潮流與經典的混合、街頭與奢華的對話，短裙配上球鞋，皮革結合絲綢，相異、對比、衝突的組合，讓時尚混搭充滿時代感與多元性。混搭呈現的是一種個人風格，不僅在服飾穿搭上，也發生在生活裡。

　　為了保持時尚精品本身的獨立性與清晰的品牌定位，聯合品牌、又稱品牌聯名（co-branding），這個概念在上個世紀的時尚精品品牌守則裡多數是不被允許的，更遑論聯名到其他異業，或以大眾市場為目標的品牌。但這條規則因為混搭的時代、求新求變的消費者而改變了，大量的聯名以不同的方式出現在各個領域，品牌聯名已成為一項創造話題的行銷策略。例如LV與Supreme的合作，讓時尚圈和潮流圈為之沸騰，Disney與Coach聯名，讓小飛象化為托特包，吸引大批女性消費者，還有臺灣品牌Apujan與空氣防護品牌淨對流Xpure聯名設計抗霾印花口罩，呈現跨界無界限等。根據研究，品牌聯名的定義是：兩個或多個

具有重要顧客認可度的品牌之間的合作形式，當中保留各參與者的品牌名稱，聯合品牌通常是中長期的，但因其淨值潛力小，不足以成立新品牌或合法合資企業[*1]。

品牌聯名

從「審美觀和學習模式」（Aesthetic Perceptions and Learning Model）分析[*2]，消費者在探索新事物，例如聯名的時尚產品時，會感知整體及相關成分而形成初步評估。消費者會學習「喜歡」不同於熟悉事物的新刺激，但不是差異太大，或過於複雜的刺激。新刺激會增進熟悉度與好感，新事物最終成為「可接受」的時尚狀態。所以，不論是Prada for Adidas限量系列（品牌對品牌的聯名），或Gucci與自稱「Gucci Ghost」的街頭塗鴉畫家Trevor Andrew聯名新品（品牌對個人的聯名），只要顧客可以接受，就有機會獲得更多價值。一些品牌也就是衝著這種新鮮感開啟聯名合作，但需要掌握聯名產生的審美疲勞後遺症與產品品質管控，聯名的目的也需要先定義清楚，雙方合作才會愉快。

審美疲勞 ⓘ

從心理學的角度解釋，當刺激以同樣的形式、強度和頻率反覆出現時，人們對刺激的反應會減弱。人們會被美的事物所吸引，但時間久了，對同一審美對象反覆欣賞後所產生的感官疲憊，甚至厭倦心理。

---

*1 Oeppen, J., & Jamal, A.（2014）*Collaborating for success：Managerial perspectives on co-branding strategies in the fashion industry*. Journal of Marketing Management, Academy of Marketing Annual Conference 2013 - Marketing Relevance, 30(9-10), 925~948.

*2 Miller, C., Mcintyre, S., & Mantrala, M. (1993). *Toward Formalizing Fashion Theory*. Journal of Marketing Research, 30(2), 142~157.

聯合品牌（聯名）的概念，是兩個或多個品牌合作形成合夥關係，在某個產品或服務上使用多品牌名稱的作法，也是商業合作中價值創造的方式[*3]。它要求合作雙方在設計、流程、資源和能力的一致，成功配對將提高生產力，獲得額外的顧客使用價值，包括收入，Apple智慧手錶Hermès系列，結合了Apple Watch與Hermès皮革錶帶（例如：愛馬仕橘、專用的Double Tour等款式），吸引許多Apple粉絲購買，Hermès還設計了有Apple Watch字樣的特殊紙袋，堪稱「落實門當戶對到價值共享」，共同創造長期價值的品牌聯名案例。除了與Apple合作外，Hermès曾於2012年與德國相機Leica（萊卡）合作推出限量數位相機M9，以高級小牛皮作蒙皮加手工打造相機帶，限量發售三百臺，售價兩萬歐元。上述可看出，有精品Hermès手工皮革工藝加持的產品都身價不凡，Hermès的品牌聯名對象也是該產業的領導品牌，都是追求極致、超越時間限制的企業，這種長期夥伴關係與共創價值的聯名策略也符合Hermès頂級奢華的品牌定位與形象。

聯名形式

許多時尚品牌為了擴大市場占有率、維繫顧客品牌忠誠度、增加新客群與營利，創造話題活化形象，獲得一加一大於二的綜效與產品收藏價值，以及節省部分成本，會考慮採用聯合品牌策略，產製獨特稀有的款式。聯名的形式有多種：

第一類，時尚品牌對其他公司品牌合作，其他品牌可以是同業、異業、通路或知識產權（Intellectual Property, IP）授權：

[*3] Cassia, F., Magno, F., & Ugolini, M. (2015). Mutual value creation in component co-branding relationships. Management Decision, 53(8), 1883-1898.

（1）時尚與同業：臺灣設計師品牌Austin.W與以毛衣起家的法國百年品牌Saint James合作推出聯名條紋系列翻新「舊款」。

（2）時尚與運動產業：Givenchy與日本運動品牌Onitsuka Tiger（鬼塚虎）合作推出日本製高檔皮革鞋款、Prada與Adidas（愛迪達）合作Superstar 50週年聯名白鞋與「Bolwing Bag」包款。

（3）時尚與生活產業：義大利精品Emilio Pucci與24 bottles聯手推出了時尚的保溫瓶呼籲永續時尚；YSL攜手巴西人字拖品牌Havaianas打造印有黑白斑馬紋的人字拖。

（4）時尚與其他異業：LV與電競遊戲《英雄聯盟》（*League Of Legends*）合作打造膠囊系列與設計電競獎杯等、Apujan品牌與臺灣麥當勞合作替新上市的漢堡包裝「穿新衣」。

（5）時尚與通路：Balenciaga（巴黎世家）以BB logo與時尚電商通路Net-a-Porter聯名推出獨家電商服飾。

（6）時尚與知名IP：臺灣品牌Justin XX（周裕穎）運用臺北故宮授權IP打造融合藝術與文化的服裝、翠玉白菜眼鏡。Shiatzy Chen將Disney人物與敦煌壁畫當中的動物互動設計出米奇米妮遊歷絲路愛情之旅系列。

第二類，時尚精品品牌對名人的合作，如明星、超模、藝術家、皇室成員等。例如Off-White與Air Jordan 5聯名球鞋、Coach與好萊塢女星賽琳娜‧戈梅茲（Selena Gomez）合作設計聯名包及服裝，並加入她的座右銘「Not perfect、Always me」、LV與藝術家草間彌生的聯名合作超越產品並延伸到櫥窗、精品概念店

設計、Hugo Boss與著名紐約藝術家Jeremyville打造節日系列商品及廣告企劃等。在前面的內容中，我們談過名人的背書要與產品類別一致，名人的信任感與專業才會跟著增加，同樣地，名人與品牌的「一致性」與「關聯性」在進行聯名時也同樣重要*4，就如同義大利品牌Fendi 2019年與香港藝人王嘉爾聯名合作，將夢想轉換為真實是Fendi對顧客的承諾，與王嘉爾「We only live once」全力做到最好的人生主旨相符。

聯名形式也可由前面曾談到的時尚三角定位角度來看，跟著上述兩大類，還可以區分為精品（奢侈品）、優質品牌、時尚品牌對其他公司品牌與名人的合作。這些林林總總的聯名組合是一種動態與不同程度整合的過程，這裡指的是分享價值與創造策略性資源的整合度，不論短期或長期合作，整合度越高，代表合作雙方可藉由彼此的核心技術與能力而獲得更高的競爭優勢。

聯名關係──價值創造體系

各種型態的聯名組合都有一個共通點，那就是「提高關注度」，就算是業績到達天花板的頂級精品品牌，也需要藉由小規模的延伸以爭取新的市場，或者藉由與通路品牌合作而擴大市場，如精品購物網站Net-a-Porter與Gucci的聯名。有些品牌會透過小範圍或單次聯名向市場釋放訊息，藉以吸引未來合作夥伴上門，就算是失敗的聯名，品牌也會從中學習、累積經驗，讓下一回合作更好。這就是行銷學者Tom Blackett和Nick Russell的「價值

---

*4 Ilicic, J., & Webster, C.（2013）*Celebrity co-branding partners as irrelevant brand information in advertisements.* Journal of Business Research, 66(7), 941~947.

創造體系」中*5，不同程度關係與共享價值創造的最低層次，「接觸／知曉聯名」（reach/ awareness co-branding）。

第二個層次是「價值認可聯名」（value endorsement co-branding），即某品牌可以藉由從合作夥伴品牌中，取用其價值或品牌形象進行協作，兩者關係更加密切。時尚精品品牌對聯名合作對象一向小心翼翼，會仔細評估合作的風險與效果，好比精品品牌為了年輕化或吸引與千禧世代與適當的潮牌進行聯名，借用合作品牌個性增加活力，或者運動品牌藉由與優良品牌聯名向上提升，進入高端消費群。記住，保持品牌的鮮活是面對快速環境變化與市場挑戰的關鍵。成分品牌（ingredient branding）是共享價值整合的第三層次，成分品牌是一個品牌成為合作夥伴品牌產品中的成分或組成部分，此類合作通常來自異業，兩者相互協助產出作品，Apple Watch Hermès系列即為一例。不同層級的關係除了需要累積默契外，必要的商業合約及法律約定均須載明，避免產生糾紛。

品牌識別（Brand Identity, BI）   i

學者Aaker將品牌識別定義為生產者（指公司、組織）渴望創建或維護的一組獨特的品牌聯想，以及生產者對人們展示能夠標識品牌的符號，包含象徵性、視覺和物理性的表現形式。例如某服裝品牌的logo、顏色、商標、意涵、店鋪設計、包裝、服務、個性等。

---

*5 Oeppen, J., & Jamal, A.（2014）*Collaborating for success：Managerial perspectives on co-branding strategies in the fashion industry*. Journal of Marketing Management, Academy of Marketing Annual Conference 2013 - Marketing Relevance, 30(9-10), 925~948.

聯名與品牌識別的適合度

消費者又是怎麼看聯名合作呢？根據研究發現，消費者對聯名品牌的態度不僅取決於類別適合度與品牌形象，還有超越功能性之外的「品牌識別」是否合適。這裡指的識別，是指兩個品牌在文化意義上的一致或不一致性，還有取決於消費者對品牌的認同程度[*6]。如果消費者與不適合的聯名品牌互動，他們可能會感受到品牌聯名的文化侵害。比如一雙Air Jordan球鞋經過精品跨界聯名的交流後價格上漲，年輕人無法負擔，目標顧客也轉移，那麼從年輕人角度來看他們原本認可的Jordan群體文化受到了衝擊，因而感受到文化侵害。

在面對這種不適合品牌識別的夥伴聯名關係中，消費者可以使用「偏差同化策略」（biased assimilation strategy）或「脫鉤策略」（decoupling strategy）來應對[*7]。前者指的是消費者將兩個品牌注入相似文化意涵的過程，因此偏差同化策略可提升合作夥伴的品牌，而不會對原品牌的評價產生負面影響。後者是指消費者將兩個品牌因文化意涵不同而區分開來的過程，脫鉤就是將合作夥伴品牌的身分識別與原品牌分開，讓兩個品牌之間的關聯極小化。

因此，從品牌識別角度出發，對行銷人員的啟示為——品牌在進行聯名前，需掌握消費者對聯名反應的可能態度，包括功能性與文化意涵，規劃合適的訊息，不論在哪種聯名關係層次上，讓聯名合作名正言順。

---

*6 Xiao, N., & Hwan Lee, S. （2014）Brand identity fits in co-branding. European Journal of Marketing, 48(7/8), 1239~1254.
*7 同上。

最後，在聯名大行其道之時，也有潮流媒體提出不同觀點，表達不滿精品對街頭文化的挪用與竊取，當青年文化被精品化後，年輕人已買不起喜歡的聯名款，跨界似乎已成為賺錢的新包裝，另外，部分名人、網紅聯名服裝的粗製濫造、再高價出售也造成消費者困擾，還有時尚品牌以永續之名進行聯名、提高形象也常被詬病。這些對時尚精品不滿的指控也非空穴來風，如「葡式蛋塔熱」一樣一窩蜂的聯名作法，確實點出時尚精品的存在應回歸其原創精神與價值，而非聯名。

卡爾·拉格斐曾說：「時尚是冒險、短暫和不公平的，別沉溺於過去，每回設計都應是首見。」這番心聲也提醒品牌，短期熱炒的聯名火花也是一種冒險，勿過於依賴跨界的行銷手法，一切要回到設計的初心，展現品牌的真誠與原真。

葡式蛋塔熱 i

蛋塔為葡萄牙的家常甜品，1989年，葡式蛋塔引進澳門，並廣受歡迎。爾後，這種甜品延燒到香港與臺灣。在媒體大肆報導後，葡式蛋塔店在臺灣如雨後春筍般的擴張，但三個月後，熱潮退燒，店家又陸續關閉。「葡式蛋塔熱」就成為描述一種經由排隊效應所產生的熱潮，並反映消費者嘗鮮、不願落人後的心態，由於熱度未能持續，最終成為一種大起大落的情況。

19 數位A到Z引領時尚新體驗

時尚具多功性質且廣受歡迎，時尚有助訊息傳播並接觸新生代。

義大利時裝設計師｜Maria Grazia Chiuri

　　時尚品牌面對新媒體或是數位浪潮時，總是又愛又怕，愛的是數位媒體無遠弗屆的傳播效益，怕的是要面對無法掌握的匿名者言論與虛擬世界中的論戰；愛的是新科技、新媒體帶來的各種新奇體驗，怕的是無法管控精心培養的品牌價值，並擔心潛伏在網上的假貨和折扣商品。就這樣進退為難了多年，終於在社群媒體與移動通訊的蓬勃發展下，時尚品牌學會面對數位世界[1]。

　　2020年的Covid-19疫情導致的隔離、社交限制，加速時尚界對科技的運用，迫使時尚產業重新思考時尚的價值。Balenciaga首席執行官Cedric Charbit在2020年4月的一場雲端時尚會議中說：「我們需要保持自我，結合更多科技方式來表達自己。如果能與身處的時代同步，就會成功。」這也是各品牌試圖找出一個與數位相容的未來。

---

[1] Allen, K.（2013）*Fashion Forward：Digital Opportunities and Disruption.* EContent, 36(6), 24.

為了數位轉型，許多時尚品牌從組織開始調整，例如美國服飾品牌Ralph　Lauren重整廣告部門、聚焦廣告投放效益、大量透過行動App、社群媒體以及實體據點等多重管道和潛在顧客進行互動，以同中求異方式努力經營三個品牌官方社交平臺Twitter、Facebook、Instagram，各自累積數百萬以上的粉絲，並合併媒體購買代理商，強化以圖、文講述原創的品牌故事。其次，時尚品牌仍缺乏兼具創意與數位能力的人才，不僅在企業招聘策略到招募流程需逐步變革，例如透過線上招募、徵選人才，對管理數位創意人員也需有新視野，跳脫平面思維附加數位功能的組織結構與運作，更關鍵的是整合品牌傳播和電子商務團隊以開創新服務或產品的組織變革。時尚品牌不僅僅是與科技公司或電子商務平臺形成夥伴關係尋求技術協助，更要創造新的數位創意文化並主導屬於時尚業的數位語言及策略，從人性、消費者行為、優雅的態度與品牌屬性切入。

消費者參與

　　現代時尚的存在及其趨勢已跨越特定時尚圈人士，與公眾建立了關係並進行情感互動[2]，公眾可以透過官網、社交平臺即時進入過去僅限於時尚圈人士之領域，諸如時尚秀後臺準備中的動態或設計師的前置作業，公眾也可立即在網上發表對產品設計、服務或活動的正負意見，即時和非正式的互動模式，讓網上的溝通簡短而直接，興奮或憤怒情緒也赤裸呈現。這種動態變化是挑戰，也讓品牌了解到公眾的參與互動是獲得關注的第一步。從線

---

[2] Crepax, R.（2018）*Digital Fashion Engagement Through Affect, Personal Investments and Remix*. Australian Feminist Studies, 33(98), 461~480.

上社群的觀點來看，「消費者參與」（consumer engagement）是虛擬品牌社群中，涉及到消費者與品牌和／或社群中其他人之間的特定互動體驗[*3]。說明社交平臺上互動機制是單向或雙向、互動態度是機構式或個人式、互動語言是制式或輕鬆等，都會影響品牌參與度。行銷學者Linda D Hollebeek與Tom Chen定義品牌參與度（brand engagement）為：「社群成員在特定品牌互動中的認知、情感和行為的投入程度。[*4]」為了提高消費者參與程度，品牌設置官網、官方社交媒體平臺都已是基本配備，在眾多技術與新媒體裡，看看從「A to Z」概念下的其中幾項數位工具如何協助品牌進行溝通，以創意提升消費者體驗。

A：應用程式（App）

　　許多品牌或新創公司開發自己的App，以隨時與顧客溝通，挑戰在於如何說服消費者下載並持續使用。來自英國的Drest是全球首款互動式豪華造型遊戲應用程式，它強調「用自己的方式創造時尚。」Drest如同演算法上的紙娃娃，吸引了Burberry、Stella McCartney、Valentino等上百個時裝品牌加入，用戶扮演時尚設計師參加造型挑戰，以模特兒頭像在虛擬世界中試裝，其他玩家會對造型搭配進行評價給分，獎勵積分可供玩家購買虛擬服飾，品牌可一窺視玩家的體驗，用戶最終可到總部設在英國的時尚電商Farfetch實際購買服飾。這個精心設計的遊戲提供多品牌選

---

*3 Heinonen, K.（2018）*Positive and negative valence influencing consumer engagement.* Journal of Service Theory and Practice, 28(2), 147~169.

*4 D. Hollebeek, Linda, and Chen, Tom. *Exploring Positively- versus Negatively-valenced Brand Engagement：A Conceptual Model.*The Journal of Product & Brand Management 23.1（2014）：62~74.

擇，讓玩家可自由混搭，再導入電商平臺，創造更多銷售機會。

Gucci App設置了遊戲「Gucci遊戲廳」（Gucci Arcade），遊戲中透過主題分類的隱藏徽章來講述Gucci品牌故事。玩家可收集徽章並放置在陳列櫃中，也可看到自己在全球高分玩家排行榜中的名次，得分和徽章也可分享至其他社群網站和即時通訊平臺。另一個遊戲《Tennis Clash》讓玩家參加Gucci限時遊戲錦標賽相互較量，並可由Gucci網站購買與遊戲角色相同的服飾，穿梭於虛擬與真實世界。這種虛擬品牌形象遊戲，有助於加深用戶的黏著度與品牌印象，但需要不斷推陳出新才能留住用戶。

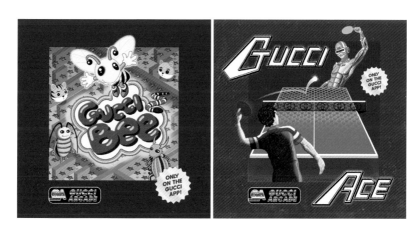

Gucci應用程式：Gucci遊戲廳。
（圖片提供：Gucci）

B：大數據（Big Data）

時尚零售業逐步使用大數據來增進品牌的優勢。研究指出，大數據主要應用在「趨勢預測，透過退貨和過多庫存來減少浪費，分析和促進消費者體驗、參與度和行銷活動，更佳的品質管控、更少的假貨以及縮短供應鏈」*5。LVMH、Hugo Boss、Burberry、Tory Burch、Ralph Lauren等品牌都積極加入大數據列車，並利用先進的分析技術來加強自己的優勢。Tory Burch將時裝秀變成零售商店，給消費者帶來了全新體驗。Burberry利用大數據探勘市場地圖，發現許多消費者喜歡逛他們的官網而非進入實體店面，因此找出千禧世代族群的特性來提升業績與重整行銷部門。

許多品牌也進行「社群聆聽」，即藉由社交媒體平臺上的按讚、留言、分享數據或部落客的文字進行各類量化分析，例如關鍵字分析、輿情監測、競品分析、危機處理等，來挖掘及了解利益關係人對品牌或產品的回饋與反應，進而修正行銷活動與企劃，或者預測接下來的趨勢。「個人化」是時裝業的重要關鍵，善用數據有助於銷售與顧客長期關係的建立，但同時品牌也得面對個人隱私保護法、缺乏了解數據的時尚人才、技術能力的不足以及如何評估時尚數據等的挑戰。

C：聊天機器人（Chatbot）

機器人可以聊天靠的就是背後的人工智慧與詳盡的問答資料，2016年上線的美國時尚品牌Tommy Hilfiger Facebook聊

---

*5 Silva, Emmanuel Sirimal, Hassani, Hossein, & Madsen, Dag Øivind. （2019）*Big Data in fashion：Transforming the retail sector.* The Journal of Business Strategy, 41(4), 21~27.

天機器人、就是時尚界的先驅，作為線上服務體驗的一環，聊天機器人讓整個商務旅程達到即時、個性化、娛樂和無縫接軌。首先，聊天機器人會自我介紹，接著提供選項，針對顧客的詢問或購買需求以聊天決策樹提出幾個問題，然後提供預測產品組合與相應的訊息或內容。如果顧客決定購買，可使用「購物車」選項，確認服裝尺寸和所在地區後，機器人會將顧客導向Tommy Hilfiger網站並結帳。

英國品牌Burberry Messenger的聊天機器人則有選購系列、參觀時尚秀幕後花絮、向客服提問、與線上顧問即時聊天以及預定Uber叫車等選項，相對有趣、友善。顧客可輕鬆瀏覽各項目，機器人也會提供服飾建議，並顯示商品價格，以及導向回Burberry網站進行購買。

聊天機器人對品牌而言有許多優點，可節省人力成本、提供24小時線上QA服務、促進用戶參與、創造銷售機會等；不過，機器人仍有力有未逮之處，像是支付或交貨條款、退貨條件等複雜問題，還需要導回網站或線上客服親自處理。

D：擴增實境（3D、AR）

3D技術廣泛運用在電影、廣告或遊戲當中，讓觀看者產生真實的空間感。美國設計師品牌Hanifa的創辦人Anifa Mvuemba善於透過以直接面對消費者的數位方式與顧客互動，2020年因Covid-19疫情被迫取消實體秀，轉而透過使用社交

平臺Instagram Live舉辦線上時裝秀，透過3D建模的隱形曲線模特兒走上伸展臺，服裝細節鉅細靡遺，創新手法引起時尚圈注意。

　　Gucci App在2019年6月推出了一個更新版iOS應用程序，可讓用戶透過AR擴增實境「試穿」Ace運動鞋系列並呈現產品細節和紋理。用戶首先選擇試穿鞋款，再將手機相機對準自己的腳進行虛擬試穿，內建照片功能可拍下試穿鞋款，之後分享照片。類似這種功能通常會與外部公司合作，透過成熟的腳步跟蹤技術達成3D運動鞋虛擬體驗。其他產業如L'Oréal（萊雅）、Estée Lauder（雅詩蘭黛）化妝品集團也採用AR技術讓消費者試臉妝、指甲上色。無論是何種技術，需要用在適合的產品、服務與情境上，勿為技術所役。

擴增實境（Augmented Reality, AR） ⓘ

其原理為透過攝影機拍攝實體畫面，加上定位與圖像分析技術，讓現實場景與虛擬世界擴增出現，就如地理定位遊戲Pokemon　Go，手機鏡頭拍攝到的現實空間場景（路上、公園、海邊）出現各種電腦虛擬產生的寶可夢，兩者相互結合就是擴增實境。

L：直播（Live streaming）

　　快速直觀、互動性強、地域不受限制是直播的特點，不論開

---

*6 Bug, P.（2020）*Fashion and Film：Moving Images and Consumer Behavior.*

會、訪談、線上調查、產品介紹、時裝秀等都可以使用，直播完成後還可以重播回看，相當方便。早在2010年，Burberry就是全球第一個做時裝秀直播的時尚品牌，品牌先在YouTube上宣布消息，並與Sky TV以3D技術進行秀前與紅毯直播，其他人也可在Burberry官網、新聞網站觀賞，或即時在Facebook、Twitter上留言。直播的參與度十倍於一般的影片，它的臨場感提供觀看者即時的滿足。2014年，90％的倫敦時裝週都進行了直播，當時，時裝週主辦方透過各類社交媒體進行活動宣傳，再將網友導引到官網觀賞各品牌的時裝秀直播。

影像是觸動購買慾望的有效媒介，從直播衍生出的「購物影片」（shoppable videos）可以滿足消費者即看即買的需求*6。購物影片由線上直播影音和內建可點擊的連結所組成，這些連結可引導觀看者獲得所點擊物件的訊息或導入可購買產品的頁面。Burberry、Tom Ford、Thakoon等品牌在2017年時先後嘗試過即看即買，部分品牌後因供應鏈、商業模式等問題而放棄。2020年上海時裝週因Covid-19疫情影響，一百五十個時尚品牌全數上線，透過電商平臺阿里巴巴的天貓雲伸展臺現場直播時裝秀，包括美國品牌Diane von Furstenberg等，同時提供即看即買體驗，可協助品牌規模化、觸及更廣的客群，至於成效，則會與品牌的文化背景、策略、資金與相關供應鏈配套有關。

> **媒體採購（media buy）** ⓘ
>
> 媒體採購是媒體購買人員在一定的預算內，購買媒體的版面和時間來呈現廣告創意。媒體採購過程是一連串的計畫、談判、協調，目的是以最有利的價格獲得最佳的廣告位置與時段，達到最大效益。

P：平臺（Platforms）

這是個平臺時代，數位平臺包括各類型網站、社交媒體、論壇、專業社群、字典等。各類平臺不停的演進、推陳出新，以B2B為主的LinkedIn不僅是社群也是商業工具，平臺上可發表公司的最新動態消息和文章、管理聯絡人清單、拓展業務、追蹤行業新聞和招聘人才等。對於品牌行銷而言，消費媒體和購物的主導權已經從品牌和零售商轉移到消費者手中，使用單一平臺進行消費者溝通是不夠的，顧客在哪裡，品牌就要在哪裡。一致性、系統性及多平臺（例如：Facebook、Tiktok、YouTube、Instagram、Snapchat、WeChat等）的露臉與相互串連才能抓住消費者。掌握各個平臺特性與價值（例如IG限時動態在使用者發布內容之後，會在24小時後消失，品牌可藉此與粉絲進行快速互動）、用戶類型與習慣、確認品牌定位與形象、設計對應平臺社群適合的內容，發展線上線下整合行銷策略，長期耕耘才有效果。通常，品牌知名度與品牌所在的平臺之活躍度成正比。

為降低風險，時尚品牌一般而言較慢嘗試新技術或新媒體，總要有先驅者試驗過後，才會陸續跟進。2018年，美國品牌Calvin Klein與Ralph Laurent首先將Tiktok手機行動短影音平臺加入廣告的媒體採購組合，推出系列廣告，2020年，越來越多品牌押注在TikTok上，包括Burberry、Missoni、Prada、Tory Burch、Dior等品牌。Prada設置了TikTok帳號，在2020年2月米蘭時裝週期間，邀請人氣網紅Charli D'Amelio看秀，她在TikTok上傳的七支創作影片中有一支獲得超過五百七十萬個讚、六萬四千多次分享，替Prada做足聲量。從TikTok平臺特色來看，任何創意主題，十五秒的短影音，強大的主題標籤（hashtag），加上音樂與視覺效果，可按讚、留言、分享至其他平臺，參與度高，品牌也不一定要自製內容，透過合作網紅上傳影音試水溫並了解網民喜好，也是不錯的策略。JW Anderson拼布開襟毛衣主題標籤在該平臺也曾有三十多萬瀏覽，得到病毒式傳播效益。2020年6月，針對品牌廣告商推出了「TikTok For Business」新平臺，提供各類廣告形式，例如產品TopView（一打開App就會看到廣告）、hashtag（標籤）挑戰、影像置入等功能。品牌只能從反覆嘗試、不斷學習中找到適合的數位應用，追著新工具往前。

　　A to Z數位工具是一個概念，當科技不斷翻新之際，越來越多的功能或應用會應運而生，品牌的對應方式需回歸到品牌的價值與屬性，以創意出發，創造與科技、人性相容的消費者體驗，滿足不同族群的需求。

20 時尚媒體的助燃角色

> 我意識到在現今社交媒體中，人們對時尚的消費與過往極為不同，他們發文、推文、點讚、轉發。如今，人們透過與生活相關的各種元素的集合來定義自己。
>
> 美國時裝設計師 | Kenneth Cole

　　想了解時尚，可以先看看時尚雜誌。想進入時尚圈，多讀讀時尚媒體報導。想要將時尚品牌或產品傳達給顧客，更要了解時尚媒體的助燃角色。

　　媒體作為訊息及觀點的提供者，將世界各地消息經由採訪編輯後向社會大眾進行報導。真實的新聞本質側重在調查和揭露，特別是針對政治、社會、經濟等公共議題進行挖掘與曝光。對比女性雜誌是「生活方式的新聞報導」（lifestyle journalism），兩者概念有所不同。社會學學者Julia Twigg指出，生活式新聞報導的特點為「你可以使用的新聞」，它將訊息、建議、指導、娛樂和輕鬆愉悅融為一體，而且重要性不斷地增加[1]。所以在星級飯店、VIP接待區、Spa沙龍、美容院等地方，都可以看到女性雜誌的足跡。它提供性別訊息、娛樂、生活式以及女性關心的議題，例如服裝、健康、美容、職場等，主要的活動是「評論、建議和商業化」，比如評論每一季設計師的服裝秀、建議當季流行款式、將內容商業

---

*1 Twigg, J.（2018）*Fashion, the media and age：How women's magazines use fashion to negotiate age identities.* European Journal of Cultural Studies, 21(3), 334~348.

化成為各種型態，如原生廣告（贊助文）、IG圖、微電影等。就像《Marie Claire》（美麗佳人）雜誌全球定位為Think smart、look amazing，透過這個「品味的判斷」，跟著時代精選與其宗旨相符的內容給閱聽眾，於是，與身體和外觀有關的風格和文化型態浮現，女性雜誌成為女性所看重的「身分、自我塑造和達成願望之行為」的重要支柱。

根據英國時尚協會委託牛津經濟研究院製作的研究報告《2015年英國時尚產業的經濟價值》[2]顯示，時尚產業內圈的核心為時尚設計，涵蓋服裝、鞋履、包包、配件、珠寶手錶與美妝品，外圈的產業包括媒體、廣告公關、教育、創意、零售、批發、紡織、製造。廣泛的媒體包括有編採機制的報章雜誌、廣播電視、數位媒體等，這裡則聚焦討論在數位時代下，時尚雜誌或稱時尚媒體的角色。從上述的報告可以了解提供時尚產品的品牌與時尚媒體就是魚幫水、水幫魚的關係，時尚媒體的報導也跟著核心產業的變化前行，過去平面時代專注於時尚、美妝與明星，媒體數位化後沒有版面的限制，加上閱聽眾擴大，需要消費更多生活化、甚至更接地氣、更友善的數位內容，讓精選的時尚雜誌內容與以人為導向的娛樂生活數位版內容有所區隔。有「臺灣針織女王」之稱的設計師潘怡良認為，「時尚媒體將設計師創作理念和精神傳達給受眾，雙方的默契配合，提高了資源配置的利用效率，方便人們理解每一季新品，在宣傳和推廣方面發揮很好的連接作用。時尚媒體作為產業發展的一環，勢必不可少。」

---

[2] British Fashion Council（2020）British Fashion Council. Retrieved 12 July 2020, from https：//www.britishfashioncouncil.co.uk/business-support-awards/BFCVogue-Designer-Fashion-Fund.

時尚媒體的角色

　　時尚雜誌（媒體）的角色有何變化呢？對於閱聽眾言，有兩種角色與以往相同：擔任時尚資訊的提供者及知識與觀點的分享者，內容能引領讀者創造夢想，內容能夠滿足讀者想了解及追尋更有風格與品質的生活。時尚雜誌（媒體）各有特色，各自賦予本身額外的角色，比如《Marie Claire》增加生活的解惑者角色，在畢業季、職場、感情生活上提供讀者正能量的內容，為呼應定位，也成為打破刻板印象的議題倡議者，例如採用體態豐腴的日本藝人渡邊直美擔任封面人物，跳脫過去既有的纖瘦美女牌，嘗試告訴讀者美麗並非紙片人的觀念，彰顯自我認知與自我成就才是真正的美。臺灣赫斯特媒體認為，時尚媒體從過去啟發、引領的角色，轉變成為平臺角色，是開放給閱聽者一起交流、共同創造的平臺，對話方式也從過去以上對下轉變成為平行溝通，時尚媒體鼓勵閱聽者透過社交媒體「品牌化自我」、創作「用戶生成內容」後上傳媒體平臺，吸引其他閱聽人的好奇並進而參與。另外，更多的意見領袖、藝人也加入平臺，各有發聲權與粉絲群，時尚媒體與時尚KOLs合作，雙方互相拉抬聲勢外，也透過彼此網絡擴大到過去接觸不到的閱聽族群。

用戶生成內容（User-Generated Content, UGC） ⓘ
用戶生成內容的目標是成為有價值的訊息，這些訊息來自不同的意見，由用戶自己創造、個人評論和個人經歷組成。

對於廣告主言，時尚媒體為連接閱聽眾的中介角色，為品牌推廣其產品與服務，合作模式上已超越原有的廣告版面銷售、媒體排程與平面文稿處理，延伸到社群媒體操作、影音拍攝、品牌化的內容製作、線上線下體驗活動等多元化服務。以《Vogue》、《GQ》所屬的臺灣康泰納仕集團為例，旗下就有公關公司搭配雜誌提供時尚品牌整合行銷顧問服務，包括了解Google Analytics數據分析及數位媒體聯播網（例如：Facebook、Instagram）規劃與上稿等。不論哪個角度，現今時尚媒體不再只是訊息的傳遞者，平面的編輯臺已轉換成跨媒體運作的中控室思維，透過對品味的把關，讓「風格」這件事從小眾走向大眾。Gucci藝術總監Alessandro Michele曾說：「時尚是為我們自己的怪癖開脫的理由。」透過媒體的傳播，更多的怪人可以隱藏或進入這個領域，無限的可能與力量就此展開。

助燃時尚產業

時尚產業內圈與外圍包含了時尚物件、人才、銷售等，時尚媒體多年來從推動者或觸媒者的身分積極參與協助發展。2008年金融海嘯後，為鼓勵人們消費，美國《Vogue》總編輯Anna Wintour、美國時裝設計師協會（CFDA）和紐約市旅遊行銷機構（NYC&Company）策劃「時尚之夜」（Fashion's Night Out, FNO），串聯了數百家的時尚品牌與商店，2009年9月首次在紐約舉行。據CFDA表示，截至2012年，FNO已擴展到全美500個城市和國際上30個城市。

設計師：謝宇農

設計師：李維錚

設計師：柯瑋倫

設計師：陳冠百、陳敏芬

設計師：簡國彥

設計師：簡君嫄

設計師：謝怡君

設計師：申子芹

2019臺北時裝週Vogue FNO。圖片提供：Vogue

臺北FNO在《Vogue》的支持下已舉辦超過十年，2019年參與FNO的指標百貨公司所觸及的人潮超過一百七十二萬人、快閃店系列活動參與人數也超過一百萬人。正是媒體的助燃與助攻，協助時尚產業創造新契機。

另一項助燃計畫是「BFC/Vogue設計師時尚基金」，由英國設計師協會（BFC）與《Vogue》於2008年成立，主要在獎勵人才與提供品牌成長所需要的行銷、業務、財務、通路等專業知識與能力，並發放20萬英鎊現金協助設計師在十二個月內快速成長，特別鼓勵設計師在環境、人與工藝以及社區方面的投入。除了大型計畫之外，還有許多時尚媒體助燃時尚設計師的地區型活動，例如2017年《Harper's Bazaar》150週年慶，臺灣團隊邀請吳日云、吳若羚、黃聖堯、張朔瑜、詹宗佑五位設計師分享設計經驗，並設計五款限量跨界慈善T恤義賣。2019年《Marie Claire》26歲生日，以「The Future Is」為主題，在臺北華山舉辦時尚設計展，請來設計師竇騰璜＆張李玉菁、詹朴、Daniel Wong、汪俐伶及周裕穎規劃展區，表達「未來由你創造」概念。本地設計師獲得更多曝光與認同，有助於未來的發展。

時尚媒體品牌化

在媒體擴大至多平臺營運，以及戮力成為消費者首選的時代，媒體管理者越來越重視品牌化（branding）策略，充分利用既有的媒體形象與名稱，將內容擴展到各平臺和各載具中[3]，

例如《W Magazine》拍攝系列YouTube影片、《Madame Figaro China》努力經營微博帳號，甚至進入互補的產品和服務市場，例如《i-D》雜誌推出禮品卡、限量版精裝書、海報、帽T等。時尚雜誌出版商尤其意識到品牌策略加上市場區隔的加乘效果，針對特定受眾逐步發展品牌化體驗或服務，例如《Elle》與法國著名插畫家Soledad舉辦商品快閃店、《Vogue》風格野餐活動邀請生活品牌提供限定優惠與揪團野餐、《Marie Claire》「女力覺醒」系列講座鼓勵女性向各行業榜樣女性學習，還有倫敦康泰納仕時裝與設計學院，開設媒體品牌的俱樂部、酒吧、咖啡館等[*4]。經濟上，媒體渴望透過品牌化後的其他收入來彌補平面廣告銷售下降的缺口，社會文化方面可提高媒體影響力，同時與利益關係者保持長久的關係。

　　由於品牌化的投資風險低（例如：運用現有人力與資源），涉及的規模經濟性高（例如：既有的平臺與受眾），時尚媒體投入品牌與知識產權（Intellectual Property, IP）的經濟開發項目越來越多，如文字或影音出版品、互動遊戲、體驗活動等原創內容，不僅可多元運用IP，甚至可出售給全球和跨平臺的不同受眾。舉例來說，《ELLE》媒體進入全球20個市場，透過消費者「接觸點」布線、布展，在當地甚至銷售《ELLE》商品、開設ELLE Decor咖啡廳。臺灣康泰納仕集團總經理劉震紳舉「化妝臺」計畫為例，首先，編輯上網搜尋網友常見的美容問題，接著由主編依主題製作影音解答，上傳到網路與社交媒體平臺供線上觀看與網友互動，再舉辦線下單一（產品）品牌活動，網友可以與編輯與產品代表

*3 Siegert, Gabriele, Förster, Kati, Chan-Olmsted, Sylvia M, and Ots, Mart. *What Is So Special About Media Branding？Peculiarities and Commonalities of a Growing Research Area.* Handbook of Media Branding. Cham, Springer International. 1~8.
*4 Allen, K.（2013）*Fashion Forward：Digital Opportunities and Disruption.* EContent, 36(6), 24.

面對面討論及試用，最終為產品品牌創造可能銷售機會。系統性地結合內容、社群、活動（體驗）、電商（或支付）於一體，有如內容商業化、IP化，長期累積這類型IP項目的應用、實力及受眾形成社群生態系，有助於媒體的業務拓展。

時尚媒體運用本身的名聲與力量在國內外舉辦獎項經常可見，也是深化品牌感知與體驗的例證。「因為《ELLE》，時尚有了風格」，《ELLE》推動「風格人物大賞」（Elle Style Awards），頒獎給風格獨具、創造混搭的風格人士，並透過名人的風格來演繹屬於《ELLE》的時尚內在。英國《Marie Claire》連結女性議題，成立「未來塑造者獎」（Future Shapers Awards），榮耀在各個領域（技術、政治、時尚、行動主義）表現傑出的女性，得獎者包含各行業的佼佼者，有消防冠軍、媒體巨擘、開創性的編劇和人道主義英雄等，這些女性分享職業建議與靈感，彼此鼓勵。異曲同工，世界第一本時裝雜誌《Harper's Bazaar》舉辦年度「哈潑時尚年度風雲女性」（Harper's Bazaar Women of the year）大獎是倫敦的重要活動之一，表彰正投身改變世界並擁有Harper's Bazaar先鋒精神的傑出女性。

康泰納仕國際集團董事長兼首席執行官Jonathan Newhouse曾在「Business of Fashion」網站上表示：「我們的業務不再嚴格地定義為出版，而是採取品牌管理的形式。」以此角度，時尚媒體更要以人為中心發展優質的紙本與線上內容，透過多平臺、高密度的受眾接觸點，創造出同時具有價值交換與社群影響力的媒體生態圈，助燃力將更上一層樓。

主要國際時尚媒體（女性）

時尚雜誌	成立	特色
Harper's Bazaar	1867	美國及世界第一本時裝雜誌，以獨到的觀點探討時尚、華麗與流行文化的世界，指標性的時尚推手與知識寶庫。
Cosmopolitan	1886	全球聞名介紹流行時尚、美容、探討當代兩性關係的女性雜誌。
Vogue	1892	全世界領先的時尚、生活雜誌，定位「關於時尚，Vogue說了算」。
l'Officiel	1921	將百年傳統與現代方法融合，以獨特的視角講述時尚故事，被稱為「時裝界的聖經」。
Marie Claire	1937	全球唯一能夠連結女性議題、詮釋時尚領域的美容及時尚媒體。Think smart、look amazing是其定位。
Elle	1945	「elle」是女性的意思，倡導自由和女權，因為ELLE，時尚有了風格，為全球最大時尚雜誌（最多國際版本）。
W Magazine	1972	一本純奢華、時尚的風格（美國）雜誌，提供讀者洞察與原創體驗。
Madame Figaro	1980	殿堂級時尚藝文雜誌，論時裝與社會題材，傳遞知性優雅法式時尚，呈現女性自主獨立形象。
i-D	1980	站在時尚和風格的先鋒位置，遵守「不要模仿」的源起，記錄時尚和當代文化的雜誌。
Nylon	1998	專注流行文化與時尚，風格另類，深受年輕女性喜愛。

主要國際時尚媒體（男性）

時尚雜誌	成立	特色
Esquire	1933	全球歷史最久、權威的成熟男人生活雜誌。
GQ	1957	著重於男性的時尚、風格與文化，定位為「成為風格男人的入口」。
Men's Uno	1997	大中華區域為主的中文男性時尚生活雜誌（發展至東南亞），精準掌握都會美型男消費族群。

21 時尚品牌危機管理與溝通必修課

在危機時期，時尚才是最有創意的。

比利時時裝設計師｜Martin Margiela

　　接下來我們要討論的「危機」主要聚焦於「組織危機」，以及組織如何進行危機管理與溝通，不包含政治、社會、個人等危機。組織包括營利與非營利的單位，組織的危機指的是危機由組織本身所引發而造成對組織的負面傷害，例如錯誤決策、失言、賄絡、罷工、性騷擾等事件，造成組織的財物損失、信心打擊、形象受損、利益關係人的權益受傷等。當考慮如何應對危機管理與溝通，就要從組織的背景脈絡下手，組織文化、管理風格、溝通透明度等，這些都會影響組織如何面對及處理危機事件。至於災難或緊急事件管理，例如天災（地震、颱風等）、人禍（核輻射外洩、公眾暴力等），多由如警察、醫療院所、消防單位及不同層級的公共系統處理，一般的組織較少參與其中。當然，組織也有可能會受到這些外部因素影響，而需要做出適當的調整。例如2020年Covid-19疫情造成民眾傷亡與經濟大蕭條，都是由各國政府主導防疫規範與振興經濟相關政策，但情勢嚴峻已波及組織營運與員工安全，美國服裝和鞋類協會（American Apparel &

Footwear Association, AAFA）主席Steve Lamar說：「Covid-19是一場健康危機，也正引發經濟危機。」這就是「雙重危機」。此時，組織除了需個別思考因應對策與作法，也會透過行業協會、工會等社會組織聯合向公部門提出建言與救濟需求。

危機類型

　　1980年代後，企業意識到危機的負面影響，越來越多企業與組織投入資源到危機管理與溝通，將危機偵測、危機預防納入組織運作中。危機具有「威脅、回應時間短與出乎意料」的屬性，美國危機傳播學者W. Timothy Coombs對危機的定義是：「對不可預測事件的覺察，危機威脅到利益相關者在健康、安全、環境和經濟有關議題的期望，並嚴重影響組織的績效與產生負面結果。[1]」2011年，Dior因其設計師John　Galliano兩起反猶太言論，而立即將他解雇，時任總裁Sidney　Toledano並發布簡短聲明：「我堅決地譴責John Galliano的言論，這與Dior一直捍衛的基本價值觀完全矛盾。」該事件除了驗證前述危機的屬性外，Dior快速的危機處理也試圖降低對品牌聲譽的損害。

　　至於危機的類型，學術界或企業界有不同的看法，美國學者W. Timothy Coombs將類型分為「受害者、事故、可預防」三個集群[2]，「受害者群」指的是組織不是危機的製造者反而是受害者，故責任最輕，「事故群」指的是組織無意間導致了危機，所擔負的責任中等，對「可預防群」的究責最大，利益關係人相信組織的不當行為故意造成了危機的發生。另外，在數位時代中，社交媒體

---

[1] Coombs, W.（2015）*Ongoing crisis communication：Planning, managing, and responding*（Fourth ed.）. Thousand Oaks, California, SAGE Publishing.

[2] Coombs, W.（2015）. *The value of communication during a crisis：Insights from strategic communication research*. Business Horizons, 58（2）, 141~148.

導致的危機事件也頻傳，型態包括：組織錯誤使用社交媒體、顧客抱怨、利益關係人的挑戰行動。對於組織所要負的責任高低程度，還涉及該組織過去的聲望與危機歷史。

2015年，Dolce&Gabbana設計師表示反對同性戀家庭的收養權，Elton John等名人大聲疾呼抵制，數個月後，設計師公開道歉；2016年，Dolce&Gabbana將一雙新鞋命名為「帶絨球的奴隸涼鞋」，在社交媒體上引發大火，鞋款後來更名為「裝飾平底涼鞋」。分析前例，是屬於「可預防群」的危機事件，並且是組織錯誤使用社交媒體類型，加上Dolce&Gabbana過去就有爭議，所以品牌本身要對事件負最大的責任。

危機管理與溝通

預防勝於治療，沒有人希望經常面對危機事件。因此危機管理很重要！危機管理是企業、組織的危機準備系統的建置，用以（1）識別和評估危機前兆；（2）避免危機爆發；（3）應對危機；（4）終結危機，並儘可能降低危機對組織與利益相關人的損害；（5）從危機中進行組織學習及修正[3]。企業需成立危機管理小組（Crisis Management Team, CMT）進行危機管理預防與危機發生時的溝通工作，組員包括最高領導階層、營運、公關、法務、行政等主管，成員需擬定危機管理計畫，說明如何實施、維護與啟動危機管理作業，並安排至少一位發言人對外溝通。溝通什麼呢？其一是管理訊息，包括收集及分析與危機相關的訊息，其二是管理含義，即影響公眾如何認知危機與發生危機的企業。

國際時尚精品公司因組織結構不同，形成不同危機管理架構。有法國精品公司設立24小時危機通報系統，並將危機風險以顏色區分議題與等級，最嚴重的議題（例如：品牌設計師失言、財務與逃稅問題等）以紅色顯示，需由國際總部主導、統一對外回應，最輕微的議題（例如：單一顧客投訴警告等）可由在地辦公室處理，標為綠色。時尚精品公司在二十一世紀初期之前，對危機的處理多低調回應、淡化事件，因著數位傳播興起、媒體與大眾要求企業更加透明與積極回應外界，時尚精品業需適時面對各種質疑。企業也會尋求外部公關顧問公司合作，經由社群聆聽、議題監看等掌握環境變化與可操作之重點，並落實事實查核。

> **危機管理計畫（Crisis Management Plan, CMP）** i
> 計畫內容包括：引言、前次啟動日期、危機管理小組（CMT）、危機未發生前的訊息整合、危機溝通計畫、危機演練情境、業務持續性管理，以及危機發生後的訊息整合與檢討。

危機回應策略

2012年，超模Karlie Kloss在Victoria's Secret大秀上穿著豹紋內衣搭配印第安羽毛頭飾引發汙辱印第安文化爭議。事後，品牌做出道歉聲明：「對於表演造成任何人的不愉快，我們感到很抱歉。我們會在之後任何相關的曝光內容中取消這個造型，更不會販賣相關產品。」Karlie Kloss本人也在自己的Twitter上道歉。

---

*3 Frandsen, F., & Johansen, W.（2017）*Organizational crisis communication*. Los Angeles, Sage Publications.

美國傳播學者William L. Benoit 提出的危機回應策略有五大類，包括：「拒絕、逃避責任、降低事件的侵犯性、糾正措施、道歉悔改。*4」上述事件中，Victoria's Secret與模特兒雙雙公開道歉，採取的是最後一項道歉悔改方式，品牌則另提出糾正措施彌補錯誤。美國學者W. Timothy Coombs也提出「拒絕、降低、重建、加強」四類方式作為危機回應策略，前三類是從防禦到包容的連續階段，最後一類「加強」可與前三項策略相互搭配運用。

危機回應策略　　　　　　　　　　　　　　i

美國危機傳播學者W. Timothy Coombs在危機回應策略中提出「拒絕、降低、重建、加強」四類方式，「拒絕」包含三個子項：攻擊原告、否認、代罪羔羊；「降低」包含兩個子項：原諒、辯解；「重建」包含兩個子項：賠償、道歉；「加強」包含三個子項：提醒、逢迎、受害者。最後一項方式能讓企業彰顯正面印象，可與前三個方式搭配運用。

時尚危機：種族歧視

在全球化市場時代，「文化多樣性」已然成為時尚品牌發展的要素之一，品牌除了展現自己的原生文化外，也會在品牌DNA外加入異域文化元素，以彰顯品牌的包容與多元性。例如法國高訂設計師Paul Poiret和Madeleine Vionnet用日本和服做實驗；聖羅蘭先生在他的高訂系列中充分表達對非洲原始部落、摩洛哥的喜愛。品牌可以藉由跨文化累積能量，例如Shiatzy Chen 於2018及

---

*4 Benoit, William L. *Image Repair Discourse and Crisis Communication*.Public Relations Review 23.2
（1997）177~186.

2019運用苗族文化的「苗繡」，有傳承少數民族文化的意涵。

　　文化意識抬頭，群眾對設計品會有不同解讀，品牌若未深入了解文化內涵，誤觸「文化挪用」（cultural appropriation）界線（文化挪用本身是多意涵的詞語，討論時需要先界定框架），也就是不當採用另一國家或地區的文化，很可能會引爆危機。例如Gucci 2018秋冬的紅唇面罩，外型上神似美國白人用以醜化黑人的「塗黑臉」（blackface）化妝術，導致Gucci陷入種族歧視的爭議。Prada於2018年耶誕節推出Pradamalia系列玩偶Otto，小黑猴搭配誇張大紅唇，也被指涉有歧視黑人的嫌疑。Marc Jacobs 2017紐約春夏秀上，模特兒們都戴上黑人或澳洲原住民常見的長辮子假髮（dreadlocks），但由於模特兒大多是白人，也引發抗議。2018年Dolce&Gabbana的廣告描繪一位用筷子吃義大利披薩的中國模特兒，加上品牌設計師對種族議題的不當發言，掀起巨大風波，導致業績大幅滑落、形象大損。

　　如果這些品牌並未有刻意詆毀其他文化的意圖，那麼由危機類別來看應該是「意外事故」，也可以事前預防，最佳的處理方式並非在危機發生後一再道歉或下架產品，而是從根本上提高對文化多樣性的敏銳度，避免危機重複發生。究竟是文化挪用？還是文化靈感？這條模糊的界線又在哪兒？於是，Gucci宣布推出「增強企業文化多樣性與文化意識長期計畫」、Prada成立多元文化諮詢委員會、Chanel設立多元性與包容性主管職位，這些作法才是正解，是時尚品牌對「異域文化」的誠意與尊重的一步。

Chapter IV

Inside-out Brand Style

內外皆美的品牌門面

用風格説話的時尚通路

22 洞悉時尚消費的關鍵時刻

人們會矚目值得讓他們花時間的東西。

鑽石之王｜Harry Winston

　　由於網路、行動載具的普及化，購物已不再是進入商店才開始——先上網搜尋相關資訊再線下購物，或線下體驗後再回到線上購物，已是常見的過程。消費旅程轉變，挑戰了2005年寶僑公司（P&G）所提出的「關鍵時刻」，也是傳統行銷談的（1）刺激點（stimulus）：廣告、email、DM；（2）第一個關鍵時刻（First Moment Of Truth, FMOT）；（3）第二個關鍵時刻（Second Moment Of Truth, SMOT）：店內貨架；（4）使用經驗。關鍵時刻是顧客與品牌之間的重要相遇，會影響顧客對品牌和消費的觀感。

　　Google公司針對這個模式進行不同的產品與服務研究，2011年時建議在刺激點之後、FMOT前增加「線上決策過程」，稱為「第零個關鍵時刻」（Zero Moment Of Truth, ZMOT），意即顧客在尚未決定購物前，就會上網搜尋相關資訊，例如產品訊息、評價、比價，同時從多個不同管道，如電商平臺、社群論壇、官網

等，收集比對資料與使用參考團體。數位新時代的顧客購物旅程隨時、隨地都在進行中，ZMOT已成為全球消費者的普遍行為，ZMOT是線上的、即時的、情緒性的與多方溝通的。第一個關鍵時刻是在商店看到產品、陳列及標示、與業務人員的交談、試穿或試用。第二個關鍵時刻所產生的使用經驗分享，經由網路平臺或社群分享，又會成為下一位顧客的第零個關鍵時刻所參考的內容，因而形成一個回饋機制，這部分如同口耳相傳效果。由於電子商務與數位交易不斷演變，ZMOT仍然有效嗎？概念上是的，代表品牌需要關照消費者所有的接觸點，包括官網與社交媒體平臺等。舉ETQ為例，這個年輕的荷蘭鞋履品牌秉承簡約理念設計高質感必需品，以永續發展為方向。其官網簡單乾淨的網頁與邏輯非常容易找到相關資訊，打光良好的高畫質照片與明暗色調讓有無現貨一目了然，鞋履保養教學影片加上文字動畫友善又實用，「鞋履清潔服務」區的照片前半部鞋身是清潔過的、後半部鞋身是髒汙的，顯見品牌對視覺敘事的高技巧與用心，相關照片同時再跨連結至Instagram。ETQ的ZMOT體驗是愉悅與輕鬆的，手法呼應品牌理念，網上相遇的過程令人留下好感。

顧客體驗

　　談關鍵時刻就要掌握每階段的顧客體驗，美國學者Peter C. Verhoef等將零售環境中的顧客體驗，明確定義為多面向且屬於整體性的，涉及顧客本身對零售商在認知的、情感的、情緒的、社交的與身體上的反應[1]。顧客體驗概念的發展根植於過去各

---

[1] Lemon, Katherine N, & Verhoef, Peter C.（2016）*Understanding Customer Experience Throughout the Customer Journey*. Journal of Marketing, 80（6），69~96.

類行銷與消費者行為範疇，包括消費者滿意度與忠誠度、服務品質、關係行銷、客戶關係管理、顧客參與等，也是許多品牌一路以來所推動與執行的。不過，顧客並不會區分單一感受的來源，或個別相遇的評價。消費者會將服務生產過程視為服務消費的一部分，是對全通路、各個接觸點的整體印象與體驗，而對服務不滿意的消費者，可能會產生迴避、背叛與報復的行為。這考驗品牌在360度接觸點上，如何一致性地且細膩地落實每一項會影響顧客認知的、情感的、情緒的、社交的與身體上的相遇。

時尚品牌的廣告、官方網站圖片資訊、社交媒體的貼文、精品店所在的商場、店鋪外觀設計、櫥窗展示、產品陳列、銷售人員、服務流程、售後服務或快閃店活動等，都是影響顧客體驗的環節。例如前文所提到，各時尚品牌努力結合更多數位科技如數位時尚秀、網紅分享、聊天機器人諮詢服務等，提供顧客刺激與贏得顧客第零個關鍵時刻。至於對第一個關鍵時刻的投資，時尚精品更是用盡心思，每季更換櫥窗與陳列，每十到十二年重新設計裝潢精品店，若是新開品牌旗艦店、概念店，不論外觀內裝、家具、裝飾、互動裝置等都不斷升級，就為提供顧客更優質的五感體驗。

日本時尚品牌Issey Miyake的臺灣臺中旗艦店，2019年以六千萬臺幣裝潢費打造兩百坪空間，清水模水泥地、白色牆面和玻璃窗，簡單優雅的空間設計融入臺灣味，成為全球第一間同時納入旗下四個品牌的形象概念店，店中特地規劃貴賓室，免費提供VIP餐點、雜誌等，也作為替顧客慶生或VIP喝下午茶的場域。Issey Miyake當季商品不僅由人體模特兒展示，銷售人員

都會配置2~3套當季服飾，以自家人穿自家服展現服裝的自然律動，這種統一外觀帶給客戶相似之感所形成的「美學勞務」，讓顧客在服務過程中感受到美感體驗。

Giorgio Armani位於紐約麥迪遜大道的旗艦店於2020年重

> **美學勞務（aesthetic labor）** ⓘ
> 品牌或企業運用視、聽、嗅、觸覺讓顧客的感官接收各種美的刺激，使顧客產生歡愉感。例如：員工的制服、妝容儀態、語調口條、接待流程等所呈現的美感服務。

新裝修，擴建為總面積約九千平方公尺的大樓，上層設計十九間豪華公寓，亞曼尼先生的想法是「生活在商店上」，透過室內設計將品牌願景轉換成全面體驗，讓客顧沉浸於服飾、眼鏡、手錶、香水、家具、公寓的多重產品組合，提供全方位的零售經驗。這些品牌的努力無非就是創造顧客在第一關鍵時刻（FMOT）的愉悅感與享受，同時延展到第二關鍵時刻（SMOT）的良好使用經驗與分享。整個購買過程中，顧客在各接觸點進行「購前、購中、購後」階段的體驗，這項動態過程隨著時間推移，加上顧客個人過往的經驗與外部環境的影響，形成整個「消費旅程」。

顧客體驗管理

品牌對於顧客的「消費旅程」實際上只能掌握部分接觸點，為了優化可控的部分，品牌需在所有零售形式中以無縫、協同的

方式運作全通路。當前，多數時尚品牌缺乏「黏著劑」將所有管道連結在一起，導致客戶的負面體驗並失去銷售機會[*2]。對此，品牌需要進一步進行顧客體驗管理。行銷學者Bernd H. Schmitt 提出一個客戶體驗管理（customer experience management）框架，包含五個步驟：（1）分析顧客的體驗世界；（2）建立體驗平臺；（3）設計品牌體驗；（4）構建顧客體驗；（5）進行持續創新[*3]。精通數位的英國時尚品牌Burberry從實體店到網路串接的「O2O」（online to offline）案例經常成為時尚行銷教材。例如Burberry使用微信小程序推出情人節遊戲來測驗伴侶關係，遊戲結束後，用戶可訪問七喜包系列商品，其中有兩個包款為中國通路限定，可在微信、微博、官網上或實體店面購買。Burberry表示，顧客期待個人化、有熱忱的「社交商務」平臺，彷彿複製店內體驗一般，此舉增進顧客的品牌參與度，並導引人流至虛擬或實體店面購物。善用各種社交媒體的Burberry是時尚產業中第一個加入Facebook的品牌，2009年起就投入預算經營數位溝通，設立專屬「風衣的藝術」網站鼓勵人們將身穿風衣的照片上傳，也曾在產品上植入RFID射頻晶片，一經碰觸，介紹短片就會出現，還在直播時裝秀上提供即看即買服務。不斷地嘗試虛實整合的數位實驗，Burberry的作法是符合顧客體驗管理框架的概念。

消費者體驗評估

　　最後來談談消費者體驗的評估，就「購前、購中、購後」各階段相遇的體驗中，主要的「購中」服務部分，在檢視「結果品質、

*2 Lynch, Samantha, & Barnes, Liz.（2020）*Omnichannel fashion retailing：Examining the customer decision-making journey.* Journal of Fashion Marketing and Management, 24（3），471~493.
*3 Schmitt, B.（2003）*Customer Experience Management [electronic Resource]：A Revolutionary Approach to Connecting with Your Customers.*

互動品質和環境品質」三個面向，且每個面向都要做到被認為是可靠、熱情以及有同理心的。「購前」部分需要評估資訊的搜尋、體驗與可信度，口耳相傳效應，與意見領袖影響等；「購後」則要追蹤顧客的態度、行為、滿意度與忠誠度，甚至對服務的情緒變化[*4]。許多品牌也經常進行上述各類調查，以了解善變顧客的心。前面曾提到顧客體驗是多面向且屬於整體性的，涉及顧客本身對零售商在認知的、情感的、情緒的、社交的與身體上的反應。根據行銷學者Volker G. Kuppelwieser與Phil. Klaus的研究顯示，顧客對體驗的評價和感知是整體性的評估，並不會區分體驗的不同階段、相遇與各面向的含義[*5]。因此，作為品牌，雖需要拆分評估各個階段或關鍵時刻來追蹤成效與責任，但要了解顧客的感受是不做拆分的，顧客的體驗是一個完整的旅程。

由於Covid-19疫情打亂市場運作與消費者購物習慣，關鍵時刻也可能位移。根據2020年德勤管理顧問公司《時裝與奢侈品私募股權和投資者調查報告》指出，精品公司正往強化或改造品牌識別、穩定物價方向進行，後疫情時代的消費者更著重生活意識與負責任的消費，在此變化下，消費者的購物體驗大量轉移到線上，例如Prada在YouTube VR和VeeR等平臺推出虛擬線上項目，用戶可用VR頭戴式裝置和Cardboard觀看時裝秀、商店產品等內容[*6]。就在時尚品牌尋求各類數位方式進行溝通或銷售的同時，仍需鎖定屬於時尚消費的關鍵時刻，從優雅的奢華風格、永續環境、線上分銷管道與數位行銷及推廣上，提供無縫接軌的時尚旅程和完美的消費者體驗。

*4 Voorhees, Clay M, Fombelle, Paul W, Gregoire, Yany, Bone, Sterling, Gustafsson, Anders, Sousa, Rui, & Walkowiak, Travis.（2017）*Service encounters, experiences and the customer journey：Defining the field and a call to expand our lens.* Journal of Business Research, 79, 269~280.

*5 Kuppelwieser, Volker G, & Klaus, Phil.（2020）. *Measuring customer experience quality：The EXQ scale revisited.* Journal of Business Research, Journal of business research, 2020-01.

*6 Deloitte.（2020）*Global Fashion & Luxury Private Equity and Investors Survey 2020.* Retrieved 26 July 2020, from https：//www2.deloitte.com/ch/en/pages/consumer-industrial-products/articles/global-pe-fashion-luxury-survey.html

精品店的聚集地，巴黎芳登廣場。

23　從時裝銷售顧問到造型專家

> 流行買得到，風格是自有的。樹立風格的關鍵經由長期自我探索。沒有風格指南，它是關於自我表達與態度。
>
> 時尚女王 | Iris Apfel

　　時尚產業的銷售人員的職稱為「時裝銷售顧問」或「時尚顧問」（Fashion Advisor, FA），當顧客進入實體店面對的就是FA，顧客感受的良好與否就來自於FA的應對與溝通。疫情發生後，有一回走進一間知名美國時尚精品店閒逛，FA立即開口說服飾全面打七折，走入另一家西班牙精品店，好奇問了包款顏色，FA解說是來自設計師的小島之旅靈感，一個談價格、一個談價值，前後相比，顧客對品牌印象的差異就出現了。

　　擔任FA的基本條件，通常要一到三年時裝零售經驗、外表整潔、主動積極、有良好銷售能力及顧客服務技巧。人格特質上，要具團隊合作精神、人際關係與溝通技巧，語言則因地制宜，例如香港、澳門的FA就需要會粵語、普通話及英語。要學習形象打理如衣著配襯、化妝及髮型改造。能成為資深FA、造型專家或晉升為店經理相當不易，只因時尚精品業講究的是細節、體驗與許多看不見的品牌規範，魔鬼藏在細節裡，FA必須謹慎處理價格不

低的物件與挑剔的顧客需求，時刻保持在最佳狀態，沒有「我以為」、「我不知道」的情況，化好妝、穿著品牌制服與高跟鞋長時間久站，光鮮亮麗的背後，辛酸不足為外人道。除績效目標、店鋪管理外，像是英國精品Burberry要求銷售主管或店經理需做到出色的品牌標誌性客戶體驗，提供最佳顧客消費旅程，還要在行為、行動、態度和外觀方面擔任如同「品牌大使」的角色，遠超過一般對「sales」的概念。

服務品質

　　許多消費者早已習慣線上購物，Covid-19疫情後，人們在大型購物中心閒逛數小時的行為也被「快進、快出」取代，促使時尚精品店銷售人員得思考如何創造優於以往的服務或體驗留住實體店的顧客。全球零售業領導廠商沃爾瑪（Walmart）的創始人曾說：「客戶是唯一的老闆。」因此，從客人進店，到達成交易、客人離開，FA要掌握七大服務步驟：（1）打招呼、介紹品牌（輕鬆聊天、是否來過這家店等）；（2）透過對話，挖掘、開發客人慾望；（3）了解顧客慾望後，釐清其疑慮及想法；（4）提供建議商品，替顧客整理對挑選商品的想法；（5）結單；（6）客戶關係管理：留下顧客資料，增加第二次購買的機會；（7）送客人離開。

　　什麼是好的服務呢？行銷學者Christian　Grönroos將服務品質定義為「經由評估過程所得出的一種可感知的判斷，客戶將他們的期望與他們所接受的服務在過程中進行了比較」，其中包含「預期服務」和「感知服務」兩個面向。服務品質也被描述為「一

種態度的形式，該態度是經由期望與實績比較後所得出的。[*1]」譬如，有一位資深FA非常清楚每項貨品材料特色，做足功課，並將每一季商品根據公司的圖稿剪成紙造型，分門別類，標記哪件商品適合哪位VIP客人，當貨品一到，就分別聯繫這些顧客，主動出擊，服務口碑超越預期，顧客的感知服務佳。失敗的FA有時無法掌握服務客人的節奏、喜好，面對客人找不到切入點，對品牌知識不熟悉，對客人的造型不關心，很快就被淘汰。不少VIP顧客也同時是多家時尚品牌的顧客，從相互比較中，非常容易區分各家服務品質的高下。

> **顧客關係管理（Customer Relationship Management, CRM）** ⓘ
>
> 顧客關係管理被認為是藉由提高顧客滿意度和忠誠度來吸引和留住顧客的一套方法。CRM主要在「獲取顧客，了解顧客，提供服務並預測他們的需求」。實際應用上，CRM系統是使公司或銷售人員能夠與顧客聯繫，提供相關服務，收集和儲存顧客訊息，並分析顧客訊息以提供整體顧客全貌之訊息系統。

　　銷售人員的服務可由五個方面來評估，包含銷售人員對顧客的尊重、銷售人員的知識、反應能力、友好度以及（服務、資訊提供）可得性。全球著名的奢侈品專家、Équité顧問公司的創始人兼CEO Daniel Langer認為品牌講求服務是不夠的，還要會講故

---

*1 Grönroos, Christian. （1993）*A Service Quality Model and Its Marketing Implications*. European Journal of Marketing. 18. 36~44.

事，不是老王賣瓜，而是內容與意涵能引發消費者共鳴的故事，才有價值、有意義，也是給顧客一個購買的理由。旅居厄瓜多的華裔所創辦的品牌La Casa Del Artesano（Lcda手工藝匠之家）的巴拿馬手工草帽輕軟質地佳，價格不菲、要價六、七萬元臺幣，店長非常熱忱地邀請顧客試戴各式帽子，同時說明草帽如何製作、收納以及創辦人的經營理念，成功傳遞品牌故事，就算沒達成交易，也增加潛在顧客對品牌的認識與好感。

關係利益（relationship benefit）

關係利益是長期關係中的消費者利益，它激勵企業、品牌維持與消費者的關係，顧客期望的利益分為「功能性利益」和「社會利益」[2]。在時尚精品業中，顧客願意付出高溢價的金錢，是因為產品參與度高（例如：試穿、搭配、修改）、有客製化的可能性（例如：訂製服務）、更好的建議以及其他個人化的顧客活動，這些都屬於功能性利益。FA與顧客積極互動，產生了一種「商業友誼」的個人關係[3]，這就是社會利益。單一品牌（非商場或多品牌）的商店，由於顧客對品牌有較多認識，有經驗的FA在了解顧客與其喜好後進而成為朋友相對容易，FA適時給予市場資訊（例如：新活動、結合時事與產品推薦），不隨意推銷，將銷售關係轉變為朋友的對等關係，整個過程的順暢滿意最為關鍵。

時尚精品業俗稱商業友誼的建立為培養VIP客人，比方VIP客人喜歡什麼顏色尺寸的產品，新貨到時候如何提貨，若碰到VIP朋友群，要特別分類推薦商品，以免撞包、撞衫情形發生，確保每

---

[2] Choi, Yu Hua, & Choo, Ho Jung.（2016）*Effects of Chinese consumers' relationship benefits and satisfaction on attitudes toward foreign fashion brands : The moderating role of the country of salesperson.* Journal of Retailing and Consumer Services, 28, 99~106.

[3] Kim, Jieun, & Kim, Jae-Eun.（2014）*Making customer engagement fun.* Journal of Fashion Marketing and Management, 18（2）, 133~144.

位顧客都開心。這種商業友誼促進了信任度和承諾度，顧客會對銷售人員產生高度情感依戀，有些顧客還會邀請FA參與家庭活動或協助私人事務。時尚精品公司相當重視管理顧客與銷售人員的關係，這對取得市場優勢至關重要，不僅獲得有利的口碑，提高客戶滿意度，最終建立顧客忠誠度。

顧客忠誠度（customer loyalty）

顧客經由對精品店與銷售人員的整體體驗感到滿意，而提高親密關係利益，他們的態度與回購意願就越積極，當重複購買產品與服務不斷地出現，甚至願意向他人推薦，這就是顧客忠誠度[*4]。前面提到FA會有各自的VIP顧客，當任何一位VIP顧客進店時，不論運用人為方式（例如：被視為內部機密的十大VIP照片）或顧客關係系統（例如：結單查詢）協助，FA要能立即辨認除自己熟悉外的其他VIP顧客，展現一看到臉就能叫出名字或稱謂的親密關係。店上另設有兩人一組的銷售人員機制（buddy system），互相協助照顧彼此的顧客。

顧客忠誠度怎麼來？記得VIP顧客的生日是基本功，送上祝福到府或邀請來店慶生都是好方法。經常陪顧客一同到訪商店的家人朋友也要一併關心，不僅累積談話題材，也促進關係建立。由於社交媒體App盛行，與顧客保持聯繫的方式更方便快速，溝通內容不限於商品還有其他有用的生活訊息。針對久未出現的VIP顧客，請他們喝個下午茶、到店上聊聊天，就如同朋友般。

[*4] Yu Sum, Cheng, & Leung Hui, Chi. （2009）*Salespersons' service quality and customer loyalty in fashion chain stores.* Journal of Fashion Marketing and Management, 13（1），98~108.

抓穩VIP顧客關係，時尚精品品牌啟動培養FA在形象、造型顧問的知識與技巧，替顧客打造從自己品牌出發、搭配其他品牌的商品造型專家角色，協助部分資深時裝銷售顧問轉為造型顧問。造型顧問需要掌握品牌知識、特色與時尚趨勢，再由客戶資料中了解顧客過去一年的購買紀錄、品類，向顧客提出各式場合的穿戴搭配建議。針對高檔百貨公司或買手店的FA，如果可以Valentino服裝搭配Prada的鞋，加上個Gucci手提包，不但滿足顧客的「混搭」需求，FA自己也會經由造型過程更加有成就感。

隨著數位化線上購物與Covid-19疫情的壓力，實體店的FA也開始學習透過直播與顧客對話，無論是透過FA的社交媒體顧客群組向顧客推播，或以較個人化的方式在VIP群組內做推廣或商品快遞服務。上升到品牌層面，也可運用自家官方App帳號對消費者直播，或藉由品牌精品店與所屬百貨商場平臺對接，進行現場直播，這二者都屬於一對多模式，優點是直接對話、直接下單，如同電視購物、線上商城般，將銷售情境延伸到線上。強調專屬服務的時尚精品偏好一對一、能展現品牌特色的服務模式，美國高級時裝品牌Oscar de la Renta曾推出線上一對一聊天服務，Gucci則在2020年6月於義大利佛羅倫斯的Gucci 9中心推出直播購物客戶服務「Gucci Live」，由一位FA在貨架前透過相機與照明設備向顧客介紹商品，展示手提包細節，以身歷其境的方式一對一無縫連接消費者體驗，顧客可經由FA或官網購物。無論以哪種平臺、哪種技術與消費者對話，首要是人的溫度與熱忱，專業的FA只有超越「預期服務」和「感知服務」才能打動顧客的心。

24 無聲的銷售員：製造打卡新據點

風格是您唯一無法買到的東西，它不在購物袋、標籤或價格標示中，它是我們的靈魂向外界投射的一種情感。

服裝設計師、前Lanvin品牌創意總監｜Alber Elbaz

　　時尚業的王牌業務是誰？是時尚創意總監、廣告代言人或名人、第一線銷售人員，又或是店內的人型模特兒？答案是：以上皆是。人們走路、逛街，最常見到的是櫥窗中的展示，人型模特兒身上的服飾、包包、鞋履都無聲無息地吸引人們的目光，也是引導非目的型消費者進入店內的驅動力。觀察消費者行為，會發現許多顧客是在進店後才決定要購買哪些商品。有時，櫥窗中沒有模特兒，可能是幾張大照片與一個場景，或是產品堆疊而成的創意裝置，又或者是櫥窗中聖誕老人搭配冬季商品延伸到店內擺設，人們看到的設計都源自於視覺陳列（Visual Merchandising, VM）與店鋪傳播（store communication）。這些都是行銷策略，旨在開展商店的平面和陳列設計，以店鋪為行銷工具支持品牌講述故事，它可增強品牌形象，也是銷售利器，並巧妙地引導產品出現的路徑，以吸引、鼓勵和刺激顧客進行購買[1]。

---

[1] Liu, Xiaolong, Kim, Chang-Seok, & Hong, Keum-Shik.（2018）*An fNIRS-based investigation of visual merchandising displays for fashion stores.* PloS One, 13（12）, E0208843.

巴黎老佛爺百貨公司的聖誕節櫥窗陳列。

（圖片提供：峭元）

店面、櫥窗以及商店所在之建築物的整體組合，會在消費者心目中形成對品牌的印象與基調。學者Anders Haug與Mia Borch Münster研究，商店的環境氣氛組成有四項：(1) 外部：門面設計和外部元素；(2) 內部：包括地板、天花板、牆壁、技術裝置、照明和操作手冊；(3) 布局和家具：空間設計與配置、家具與庫存、行走動線和商品收納場所；(4) 裝飾和陳列：裝飾品項、產品陳列、價格指標、圖像和螢幕。時尚品牌一年四季推出不同服飾系列，為配合上市凸顯該季的主題與主推商品，店面的裝飾與陳列也會更換[*2]，以下聚焦討論有「空間藝術」之稱的視覺陳列。

視覺陳列目的與洞察

曾經有人做了實驗，將產品由陳列架的底部移到人們視線的高度位置時，銷售機會迅速增加。消費者的眼光在搜尋商品的範圍通常落在80至180公分左右的高度，是有效陳列高度，120公分高處是最精華的位置，重要的商品或新一季的主力銷售商品通常會放置在此區域。視覺陳列有兩個重要目的：(1) 導入更多銷售業績；(2) 「6 As」：可接近性、引起注意、毗鄰性、人體測量學、排列布置及給人方便。

Chanel為新包款Coco Cocoon上市活動，設計符合該主題的視覺陳列櫥窗，將黑色與紅色系列包款一口氣呈現在5~6公尺寬的香港中環街邊櫥窗，強烈的顏色對比，系列包包中不同款式的商品，以上下錯落方式排列在離地面約80~120公分的視覺

[*2] Haug, Anders, & Münster, Mia Borch.（2015）*Design variables and constraints in fashion store design processes.* International Journal of Retail & Distribution Management, 43（9），831~848.

高度，吸引路過人們的矚目，也宣告新品上市訊息。英國哈沃斯百貨（Harrods）創作了「鞋履天堂」的櫥窗陳列，每一個大櫥窗分別展示一個國際時尚品牌從高跟鞋到球鞋各式銀色鞋履，包括LV、Dior、Prada、Christian Louboutin、Jimmy Choo等；櫥窗內所有人型模特模兒都身著同一套服裝、梳同一種髮型，以或站、或坐、或跳躍姿勢展示各家品牌的限量鞋款。街邊上連續十幾個櫥窗統一的元素，宛如在看一本銀色鞋履型錄，充滿故事性的視覺景觀，發揮高人流場域的集客效果。

---

6 As　　　　　　　　　　　　　　　　　　　　　　　　i

Accessibility：可接近性，陳列品必須清晰可見。

Attention：引起注意，陳列需引發顧客的注意。

Adjacency：毗鄰性，相關的物品陳列一起以增加銷售機會。

Anthropometrics：人體測量學，陳列品與顧客身體的距離。

Arrangement：排列布置，陳列品的排列邏輯與系統，例如尺寸、大小等。

Accommodating：給人方便，符合顧客心理與生活型態需求。

　　品牌的視覺陳列通常由VM人員依照總部設定的時程表、準則、空間規劃進行更換，執行守則明訂陳列起迄時間，包括陳列主題與主要產品、品項清單、物件、道具、規範、美學架構等，例如每個層架放幾個包、什麼產品不能放在一起，最後還要檢視銷

售率。一般精品店還有FA兼任店鋪VM作為陳列小助手，每天進行小調整，若是旗艦店大店則有專屬的VM。品牌透過VM讓全球店面的視覺主題與風格趨於一致，顧客到不同城市仍然接收到統一的「品牌視覺識別」訊息。而視覺陳列的創意哪裡來？經常源於品牌的時裝秀或系列發表，視覺陳列延續時裝秀的主軸，以當季服裝或秀場發想，將其中元素轉換至陳列設計，挑戰點是如何將同一概念放置到空間大小不一的櫥窗、店內或陳設中。

> **企業視覺識別系統（Corporate Visual Identity System, CVIS）** ⓘ
>
> 包括名字、符號和/或標識、排版、顏色和口號；CVIS提供圖形語言和規範，投射清晰、一致性的企業視覺識別。品牌的視覺識別（VI）也是同樣概念[*3]。

　　至於時尚百貨的陳列變化性就比品牌大多了，作為平臺的時尚百貨可依季節、主題、合作對象嘗試多元陳列，以視覺說故事。法國巴黎的老佛爺百貨公司（Galeries Lafayette）櫥窗經常運用燈光、音樂、動態裝置等視聽元素，引領潮流話題並創造與觀眾的互動。2013年的耶誕櫥窗設計，老佛爺百貨將要上檔的《美女與野獸》（*Beauty and the Beast*）電影場景轉化成五個櫥窗主題，當中一個互動式櫥窗展示電影拍攝製作的祕密，呈現商業創意又為電影暖身。在法國，蜜蜂圖騰自十九世紀起就相當流

[*3] Melewar, T.C, & Saunders, John.（2000）*Global corporate visual identity systems*：Using an extended *marketing mix*. European Journal of Marketing, 34（5/6），538~550.

行，蜜蜂是法王拿破崙鍾愛一生的昆蟲也是家族徽章，老佛爺百貨2019年以蜜蜂為主題設計11個耶誕櫥窗，蜜蜂採蜜、飛舞、送禮，蜂巢圖案變換，藏有商品會自動開關小門的百貨城堡，每個櫥窗從創意到執行耗費近一年時間完成，吸引人們爭相觀賞，無聲的「櫥窗sales」成為打卡新據點，不愧是擁有一百二十多年、首屈一指、傳遞法國生活藝術的百貨集團。

2020年的巴黎春天百貨（Printemps Haussmann）的聖誕節櫥窗以「讓我們分享聖誕節」為主題，透過升級再造的裝飾演繹九個家庭慶祝聖誕節的故事，凸顯永續、不浪費的精神。

商店的空間藝術

為了新系列商品上市、新店開張、臨時店成立或店面整修，時尚品牌或時尚百貨都會設計特殊的主題式陳列。曾獲普立茲克建築獎的國際知名建築大師Frank Gehry首次跨界為LV秋冬系列設計櫥窗，他的雕塑新作與LV 2014秋冬女裝系列一同在專門店櫥窗亮相，新作靈感源自優美的古典雙桅帆船，木材結構表面覆上金屬物料層，雕塑組件造型如被強風吹得鼓起的帆，骨架及外殼、緊身衣及直身裙，Frank Gehry的新作巧妙地將建築與時裝設計合而為一，呈現建築與時裝皆是保護軀體的兩種藝術。

結合藝術、文化和商業創意體驗的香港K11 Musea藝術百貨2019年開幕，商場公共空間開闊，裝飾大量花卉、植物與藝術品，同時如展覽館般陳列時尚設計師服裝、鞋履與解說牌，透過

店鋪傳播將藝術、設計、建築與可持續發展元素融入顧客購物旅程中。有別於其他商場的統一店內陳列，法國鞋履之王Roger Vivier在K11 Musea的精品店獨樹一幟，從櫥窗、店內擺設及有法式落地大鏡子的VIP區都放置著各種形狀的非洲面具、項圈與圖騰，古老神祕的非洲風俗文化與精緻鞋履包款交錯併置，產生強烈的對比效果與探究的衝動，原來創辦人Roger Vivier鍾情非洲面具，早在1967年就以非洲面具的輪廓為YSL非洲系列設計涼鞋，這次搭配藝術百貨展店，將部分藏品搬到標榜藝術的分店裡，更深化顧客的品牌印象。創造和重現獨特的商店氛圍之能力為商家帶來競爭優勢，因為競爭對手不易複製同樣的概念與作法[*4]。

視覺即銷售

前面談到，視覺陳列溝通也是增進銷售最有效的方法，每一平方公尺的空間都是成本，錯誤使用空間會導致利潤降低。一般商店、百貨都需考慮設定視覺化商品陳列VP（Visual Presentation）、重點商品陳列PP（Point of sales Presentation）以及單品陳列IP（Item Presentation）三種不同表現方式的陳列點。VP著重於提案性，傳達商品訴求訊息與特色，PP強調類別中的代表商品，IP展示單品，形成購物空間。以耳環、戒指為例，由於體積小，較易忽略，因此將這類單品平面櫃（IP的概念）置

---

*4 Webber, Cleber da Costa, Sausen, Jorge Oneide, Basso, Kenny, & Laimer, Claudionor Guedes.（2018）*Remodelling the retail store for better sales performance.* International Journal of Retail & Distribution Management, 46（11/12），1041~1055.

於顧客進門的入口處，銷售數字就會優於放置在商店後方的抽屜中。視覺陳列的關鍵是以立體空間進行設計，引導顧客視線進入產品故事當中，透過有脈絡的規劃（例如：產品分組、品項計畫），讓顧客流連忘返，就有機會提升業績。

最後，有效的陳列需配合商店中的各類位置，包括柱子、壁面、貨架、展示臺、櫥櫃、平臺、收銀機附近、櫥窗等，結合人體測量學（顧客的身體移動等），適當地擺放商品，透過毗鄰性的互搭品項促進銷售（例如：手提包與小皮夾），以及排列布置的邏輯性（例如：衣服尺寸由小到大、色彩時鐘的排列等），創造店內的「旋律」，讓顧客獲得情感與理智的滿足。這也驗證服務場景（service scenario）所強調的三個環境維度的重要，包括：環境條件（例如：溫度、音樂和照明等）、商店布局和功能（例如：總體布置及固定裝置）、服務場景的標誌，符號和物件（例如：指標、溝通元素和裝飾風格）[5]。

英國環保時尚品牌Bottletop的包袋、飾品都是由回收的瓶蓋鋁拉環與鉤環製成，店內柱子包覆回收的鋁罐、壁面垂掛全球唯二的彩色回收拉環瀑布，搭配聯合國推動的17項永續發展目標彩色手鍊貨架區，以環保、後現代旋律營造品牌氛圍，讓「環扣世界、心繫未來」滿足顧客情感與理性動機，達成銷售。

[5] Webber, Cleber da Costa, Sausen, Jorge Oneide, Basso, Kenny, & Laimer, Claudionor Guedes.（2018）*Remodelling the retail store for better sales performance.* International Journal of Retail & Distribution Management, 46（11/12），1041~1055.

英國永續品牌Bottletop於香港K11 Musea分店的店內陳設，店內柱子包覆回收的鋁罐，以環保、後現代旋律營造品牌氛圍。

王品牛排臺南健康店

臺灣臺南市健康路一幢有著地中海風情、基調簡潔的老宅，原為「勝利之聲」電臺董事長舊宅邸，是由臺灣戰後第一位女建築師王秀蓮女士於1976年設計監造。建築特色從使用者角度出發，運用在地素材打造。王品集團看上古樸雅致的老宅，以「人」為本的設計理念，十分貼近王品集團「顧客滿足」的核心價值，從古意盎然的臺南古都出發，以舊屋新生概念讓歷時近三十載的王品有個新舊交融的契機，也是首間老宅改裝的王品牛排餐廳。

純白的建築有沙龍交誼廳、拱門、拱窗、幾何鏤刻鐵窗花，地面以磨石子

或復古馬賽克磚重現樸實風貌。進門後的收銀櫃檯以「帳房」意象設計，抬頭可見原屋主收藏的水晶吊燈。保留老宅的原始空間及露臺設計，巧妙地加入咕咕鐘、黑膠唱機、現代裝飾藝術，呈現新舊交錯的時空。作為餐廳，這些裝潢、擺設、空間以及歷史感，都在無聲無息地與賓客交流，客人表示除了享用美食外，對用餐體驗也大為加分，還有穿著旗袍的客人特地到此用餐打卡。老宅的故事引導顧客進入王品的味蕾世界中，正說明了顧客同時需要獲得情感與理智的滿足，才足以讓他們流連忘返。

25 蛻變中的商場五感購物

時尚很重要，它可以促進生活，帶給人們快樂，是值得投入的事業。

Vivienne Westwood品牌創始人｜Vivienne Westwood

　　瑪麗蓮·夢露曾說：「幸福不是金錢，而是購物。」時尚大帝卡爾·拉格斐進一步闡釋購物：「購買是因為某些事物激發了興趣，並非僅是付錢買東西這樣的簡單行為。」以上說明了購物對現代人來說，包含了許多刺激、體驗與樂趣。伴隨著人們生活的改變，像是網路購物消費的持續上升，購物需求的兩級化（平價與高單價）、經濟環境不穩定等影響，購物環境、方式出現了劇烈變化，各類百貨公司、複合型商場、outlet購物中心，都投入轉型行列，以空間改裝、異業結盟、強化商場定位、引進國內外新品牌進駐、提高美食餐飲與娛樂比例、增加線上、線下體驗服務等方式，提供新穎刺激與有趣的體驗，爭取顧客消費。

　　對於購物，時尚雜誌主編同時也是美國時境秀《決戰時裝伸展臺》的評審Nina Garcia說：「風格策略關乎聰明購物，時時保持雅緻與時髦。提醒女性如何在不減損風格的前提下購物，從而實現價值。」這段話直指購物的核心是風格與價值展現，商場是

許多品牌商家的有機組合，從單一店鋪到商場、從線上到線下或線下到線上，消費體驗一氣呵成、創造有風格的環境，實現購物的價值。

創新商場體驗

在巴黎左岸的樂蓬馬歇百貨公司是史上第一家百貨公司，於1852年成立，創辦者希望以「一種能夠激發所有感官感受的新型商店」向顧客呈現購物是生活的一種藝術。秉持這項宗旨，現今店內展示逾八十件知名和新銳藝術家的當代藝術作品，從外觀建築到原創與精選獨家商品的組合成為樂蓬馬歇的強烈特色，也是美學體驗的場域。因此，商場不再是商場，商場變身藝術空間。類似的概念在也出現在上海、廣州的K11藝術商場，強調「In Art We Live」（活現藝術），以零售結合藝術、文化和商業的創意體驗，K11 Musea於2019年8月在香港尖沙咀開幕，自詡不只是購物商場而是間博物館，在大中華區一片以商業消費為主的商場中，開發一個結合藝術與消費的新領域，轉個彎看到雕塑，抬個頭看到畫作，將藝術設計融入商場之中，連同進駐的時尚品牌商店也配合商場特色加入藝術元素。

K11 Musea把一樓的主要空間，全部留給國際一線時尚精品，例如Kenzo、Alexander McQueen、Balenciaga、Jimmy Choo等品牌，寬敞的走道與中庭空間，大量花藝櫥窗、植栽擺設與服裝展示陳設，有如進入藝廊般，一樓另一側的開放空間稱為Musea Edition，以人檯展示時尚品牌的服裝，消費者不用進店就可近觀

設計師作品，該區以簡約、後現代的內裝布置容納許多年輕時尚品牌，包括義大利潮牌結合奢華風格的Off-White、英國永續品牌Bottletop、義大利網紅品牌Chiara Ferragni、紐約現代藝術博物館設計商品店MoMA Design Store等，混搭年輕品牌與國際精品呈現的多樣性，包括電梯按鈕隱身於書本中，跳脫百貨商場傳統空間框架。

　　過往研究也指出，購物商場店內和店外的綠化或自然區域總會吸引消費者前往，好比杜拜購物中心（Dubai Mall）的水族館設置全球最大的水族觀景窗，不僅有多種珍稀的海洋生物，還有皇帝級鱷魚等生物；首爾三成洞的Coex Mall中的巨型水族館結合電視、冰箱與水底世界形成展覽空間；泰國曼谷Siam Paragon購物中心有逾萬平方公尺的海洋生物世界，這些商場都吸引了大量消費者或遊客前往。根據環境心理學家們的研究，類似綠化或自然情景的「修復性環境」（restorative environments）有四個特徵：「魅力、離群、環境品質與兼容性」；魅力（fascination）指的是環境中提供令人迷戀的刺激，離群（a sense of being away）的感覺是要有脫離「日常」之感，環境品質（environmental qualities）講的是人們了解環境的規劃與不受限的移動空間，兼容性（compatibility）指特定環境的內容在多大程度上滿足了人們的需求和意願[1]。這就不難理解，商場中的類自然空間對於吸引顧客上門與滿足感有著正面的作用。

　　那麼既有的商場呢？實際上，百貨商場每隔數年會透過大、小規模的改裝與品牌調整，營造新的氛圍，提升舒適度、吸引力

---

[1] Rosenbaum, Mark S, Otalora, Mauricio Losada, & Ramírez, Germán Contreras. （2016） *The restorative potential of shopping malls.* Journal of Retailing and Consumer Services, 31, 157~165.

與新產品，藉此延長消費者留在商場的時間，增加消費機會及購物中心的流通。根據環境心理學家指出，購物商場的氛圍會對消費者產生「接近」（approach）與「迴避」（avoidance）兩種反應，前者會更有興趣探索、花費更長時間留在商場內，對於陳列在歡愉環境當中的產品評價也會更正面。加拿大學者Jean-Charles Chebat等的研究，都已驗證購物中心的改裝能夠增進購物的娛樂性與功能性價值。「娛樂性」指的是消費過程中的輕鬆、愉悅、個人滿足，功能性代表消費者可以完成採購目標，找到所需物品，這兩個價值將提高顧客的滿意度，而「客戶滿意度──銷售績效典範」（Customer Satisfaction-Sales Performance Paradigm, CSSP）也確認滿意度可以促進支出，提高顧客消費力[2]。屬於社區型的臺北天母高島屋百貨2017年花費五百萬臺幣翻新水族館並安排美人魚秀與攝影展，連結社區居民所拍攝的水族館舊照片，發揮娛樂性凝聚顧客忠誠度即為一例。

線上、線下體驗，相互導流

貝恩公司與義大利奢侈品行業協會（Fondazione Altagamma）聯合公布《2020年全球奢侈品行業研究報告（春季版）》指出，Covid-19疫情迫使直營店和百貨商店的傳統模式銷售急劇下降，旅遊零售業也大幅減少，線上銷售在2025年預估將占市場通路的30%[3]，說明了時尚精品行業在原本擅長的實體商場體驗外，必須進行破壞式創造思考，包括與顧客的互動方式，店鋪的安全性與奢華體驗，以面對消費者的需求和通路限制。

---

[2] Chebat, Jean-Charles, Michon, Richard, Haj-Salem, Narjes, & Oliveira, Sandra. （2014）*The effects of mall renovation on shopping values, satisfaction and spending behaviour.* Journal of Retailing and Consumer Services, 21（4）, 610~618.

[3] Bain & Company. （2020）*Global personal luxury goods market set to contract between 20-35 percent in 2020.* Retrieved 28 July 2020, from https：//www.bain.com/about/media-center/press-releases/2020/spring-luxury-report/

巴黎樂蓬馬歇百貨公司。

（圖片提供：崩元）

商場具物理性刺激的環境條件，在疫情影響之下不易發揮作用，那麼，也許提供線上修復性的刺激就是可考慮的方向，將「魅力、遠離外界的感覺、環境品質與兼容性」搬上數位平臺，加強搜尋體驗、流行產品組合與方便性，再套用O2O模式，活化「online」（虛擬網路）到「offline」（實體通路），反之亦然，讓體驗型的活動加上創新的、文化性的元素成為與顧客溝通的新契機。

面對上述挑戰，各地精品級商場無不使出渾身解數。例如樂蓬馬歇與電商24S.com合作，「24S」名稱靈感源於樂蓬馬歇所在地「24 rue de Sèvres」，以「來自巴黎的生活」為號召，提供24小時購物服務，並有專業個人造型師提供量身訂製的選擇和購物協助，會員可享免費基本更改服裝服務及文化活動優惠等。位在成都的「時代奧特萊斯」是2019年中國大陸五家年營業額超過人民幣三十億元的outlet之一，屬於香港上市公司九龍倉集團。該outlet自2020年起整合客戶關係管理、收銀與發票系統，不僅提升顧客體驗，也益於轉化線上線下大數據資料的分析，接著，透過雲端購物、社群行銷、直播、官方微信小程式的閃購等新銷售模式來確保業績，例如在官方微信小程式上開發積分商城舉辦品牌閃購活動，協助商家銷售，另外，「品牌＋折扣」的組合直播最受顧客歡迎，商場與店鋪品牌合作，以單一品牌專場、多品牌組合或品牌探店的方式輪流進行直播，增加銷售機會。香港的K11 Musea也自2020年3月起加速線上購物與體驗發展，並積極鼓勵消費者下載商場App進行購物並體驗商場活動，K11針對三大類

不同目標對象開發三種不同App，一個針對無法出國購物的香港本地顧客、一個針對無法訪港購物的大陸顧客、另一個就針對在大陸消費的當地顧客，策略性地區分顧客群、商品組合、銷售通路及溝通內容，例如對於無法訪港購物的大陸顧客，Kll Musea與中國郵政合作，透過微信平臺完成交易與貨品寄送；對香港本地消費者運用各類社交媒體包括Facebook、IG等進行直播，鼓勵線上消費；大陸當地顧客就由上海與廣州商場App與社交媒體微信、小紅書負責。App則經常性地推出各種不同品類的會員專屬驚喜優惠，以維繫顧客的活躍度與忠誠度。

> **虛擬實境（Virtual Reality, VR）** ⓘ
>
> 利用電腦模擬產生一個三維空間，如同現實世界，使用者可藉由控制器、感測器在虛擬環境下穿梭或互動。當使用者移動時，電腦立即進行運算，將精確的三維影像傳回產生臨場感。VR有三個基本特徵：即三個「I」immersion-interaction-imagination（沉浸—互動—構想）。2019年赫爾辛基設計週中，將現實中的Kisu Korsi高級時裝秀與虛擬時裝插畫結合在一起，成為一項創新時尚活動。

　　將實體銷售活動移轉到線上模式的同時，Kll Musea針對頂級顧客的高端奢侈品消費額外提供AR、VR功能強化在線體驗，嘗試在線上購物商店中透過商場員工、專業主持人、網紅、店家或商店的銷售人員，以5~6分鐘的直播向顧客介紹產品幕後花絮、永續設計的理念、甚至一杯調酒如何製作等，顧客可以根據預

先排定的時程表上線，在同一平臺上邊看直播，邊下單購物，這項服務協助進駐商場的品牌店家可經由「主題式」或「產品組合式」的直播，拓展線上業績。

另一項新嘗試，是透過意見領袖顧客（Key Opinion Customer, KOC）自己的社交媒體帳號與朋友圈內的好友進行商品推薦對話，這些KOC並不是KOL，他們就是你我身邊的朋友，比起KOL有更高的信賴感與認可的產品知識，商場或品牌將產品資料等提供給KOC再發布到KOC的朋友圈，對企業與品牌的優點是節省預算，但不同於KOL有公開的數據（例如：按讚、留言、轉發等）可以追蹤，目前KOC的效益不易量化。在筆者與其他研究者的初步探索中發現，KOC就是一群消費者將自己的產品使用心得與經驗，在自己的社交平臺上分享給朋友，從訊息可信度來源模式所提到的吸引力、可信度與專業面向來看，KOC對於一些個人安全與健康的產品影響顯著，至於時尚服飾類等還需要再觀察[4]。

面對新型態的零售環境，K11表示，快速、創新的企業文化是驅動改變的動力，為了培養員工面對新挑戰，企業提供許多線上、線下訓練課程，包括心理學、設計思考、銷售成交技巧、線上直播等，讓員工走出辦公室到商場做類似KOL的直播與訪問工作，之後上載到各個數位平臺。新零售也對人才召募、人員訓練有了不同定義與需求，改變、轉型擴及整個營運流程。

---

*4 Wu, Shih Chia.（2020）*Key-Opinion-Consumers*（*KOCs*）：*the emerging influencers contributing to the purchase intention.* Retrieved 3 July 2020, from https：//www.bledcom.com/asset/mpq7aWupdzzHTbLNu

堅持優雅的奢華風格

縱使線上新零售、顧客在線對話、搜尋引擎體驗、線上個人服務越來越重要，時尚精品仍堅持以優雅的奢華風格來進行上述活動，實體商場或與線上商城也明白時尚精品的不妥協，就算要清庫存，也避免以大量折扣方式減損品牌權益。同時，線上、線下折扣需一致，就算要透過數位平臺直播產品銷售，時尚精品也要求以優質的KOL、介面及無縫接軌的五感體驗面對顧客，以求清楚呈現品牌識別，並且，一切相關互動都需依品牌DNA專門設計。

與品牌共生的商場或精品電商在內外挑戰中不斷地演化，各種新型態的銷售模式與供應鏈調整，正在全球各零售平臺啟動與嘗試，期能最佳化地融合用戶、商品、品牌、服務及運營需求。

26 限時概念店，時尚瞬間語彙與銷售

我不設計衣服，我醞釀夢想。

Ralph Lauren品牌創始人 | Ralph Lauren

　　通路對時尚精品而言，不僅是個門面，如何選在對的地方、如何傳遞產品的價位、如何呈現店面的質感、如何傳達品牌核心價值與產品形象等考量，都是一門大學問。在體驗行銷當道下，時尚品牌或通路商在策略上需要將品牌的本質放大到一系列「有形、具體、互動的體驗」，運用「短期零售」（pop-up retail）的概念來呈現品牌的創意與限量產品，提供消費者面對面、新奇、獨特、豐富的感官體驗[*1]。「Pop-up」是冒出、彈出、突然出現的意思，pop-up store/shop或pop-up retail，俗稱「快閃店」，是指短期、不定點的「限時概念商店」，營運時間短則幾天（一個週末、一個假期），長則數個月、半年、一年都有，地點的選擇通常跳脫制式場域，可以是餐廳、旅遊勝地、城市咖啡館、老舊建築或店中店等，主要是創造奇特、愉悅的體驗與品牌記憶。

　　時尚品牌開啟「快閃」先河的，是日本潮流教母川久保玲，總是語出驚人的川久保玲在2004年花了兩千多美元裝修一家在德

---

*1 Kim, Hyejeong, Fiore, Ann Marie, Niehm, Linda S, & Jeong, Miyoung.（2010）*Psychographic characteristics affecting behavioral intentions towards pop-up retail.* International Journal of Retail & Distribution Management, 38（2）, 133~154.

國的舊書店，開了第一間限時概念商店，又稱為「游擊店」，低成本、為期一年的商店讓過季的衣服有了另一個銷售通路。她對游擊店的營運訂出明確的規則，包括保留原場地的風格不多加裝飾、限量與新舊產品同時陳列、為期不超過一年。在此之前，英國倫敦有一種流動式的時裝巴士，巴士裡面就是展示間，陳列了在倫敦沒有設銷售點的四十位設計師一千四百多件作品，消費者可以在巴士出動的日期與特定地點上下車購物，說明快閃店同時具有功能性與娛樂性。

> ### 川久保玲（かわくぼれい，Rei Kawakubo）　ⓘ
>
> 創立日本時尚品牌Comme des Garçons，被封為最會「玩」的教主。沒學過設計，卻在1980年代走上國際舞臺，她帶領許多服裝設計好手，資助他們成立品牌，例如：高橋盾的undercover。川久保玲也與一線精品LV、Hermès以及街頭潮牌Supreme等玩跨界聯名。美國《Vogue》雜誌總編輯Anna Wintour形容：「她無所畏懼，從不擔心商業性與好不好賣的問題。她擁有最基本、最真的美學。」

「限時概念商店」的目標

根據行銷學者Janice Rudkowski等人的研究，設置限時概念商店有五種目的：(1)溝通：建立品牌知名度，提升品牌識別，建立價值主張或上市新產品；(2)體驗：為了促進消費者的品牌參與度、行銷策略和定位與建立品牌社群；(3)交易：極大化銷售

並減少庫存；（4）測試：測試新市場、開拓國外通路或了解消費者的對新產品（商品和服務）的反應；（5）機構：活化主要街道和社區，如同短期市集的概念，通常有多個商家一起參與[*2]。其他考量因素諸如：建立對內及對外利益關係人之關係、面對不穩定的經濟或市場狀況可降財務低風險與人事成本。

　　時尚品牌喜愛這種短期通路策略，一方面開發有趣或特殊的產品滿足消費者求新求變的渴望，另一方面也可以拓展客源、接觸到不同類型的消費者，更藉此測試市場溫度、創造口耳相傳的口碑效應，而有特色的限時概念商店也會帶來額外的業績。善於訴說「時間」流逝故事的臺灣設計師詹朴的快閃店，經常出現在臺北地區百貨公司，也曾進駐臺北松菸選品店，並到日本參加邀約制的快閃店。詹朴說：「對於入門新客人而言，先到實體店熟悉商品，再導流回線上購物的效果不錯。」所以，快閃店對他而言是爭取新客了解、曝光產品的通路，且降低營運與人力成本。以簡約線條、解構與重組為特色的臺灣設計師李倍也採取類似策略，選擇到上海新天地開設快閃店，店內陳列同樣簡明俐落。

「限時概念商店」策劃架構與類型

　　快閃店策劃可分為四個階段：（1）擬定策略目標；（2）限時概念店前期；（3）限時概念店體驗；（4）限時概念店後期[*3]。從品牌角度，首先需選擇適當目標並思考預期效果；前期工作內容包括：掌握消費者想法、選擇適合的地點、設計創意性的體驗、布置／溝通／行銷／營運管理概念店；體驗階段需實際執行顧客體

---

*2 Rudkowski, Janice, Heney, Chelsea, Yu, Hong, Sedlezky, Sean, & Gunn, Frances. （2020）*Here Today, Gone Tomorrow ? Mapping and modeling the pop-up retail customer journey.* Journal of Retailing and Consumer Services, 54, Journal of Retailing and Consumer Services, 2020-05, Vol.54.

*3 Warnaby, G., & Shi, C. （2018）*Pop-up Retailing： Managerial and Strategic Perspectives.*

驗活動、營造線上線下品牌互動，提供各式服務等；後期要進行實際成果評估與回饋、績效評量以及修正錯誤。顧客怎麼看待限時概念商店呢？期望的無非就是經濟利益（優惠）、便利性、享樂滿足感與社交互動。給予品牌最好的回饋是正面口耳相傳、說服他人共同參與並實際消費。

　　Gucci於2019年底推出的「Gucci Pin」快閃店，在香港海港城首次出現，策略是在全球五個城市接續推出限時概念店，強化形象、接觸顧客、開拓版圖。Gucci以經典的熱帶風情Flora印花設計店內風格，設計限定版手袋、錢包、鞋履等。Pin的靈感來自數位地圖上的大頭釘，Gucci專屬的圖釘會顯示在Google Map上，搭配IG、Snapchat所提供的AR和濾鏡，消費者可進行Gucci Pin線上體驗。從IG的回應來看，Gucci快閃店結合線上活動的確引發跟風。在2020年後續其他城市的快閃中，對應當地城市與社區特色開發不同主題與專屬商品，經由瞬間的視覺與感官語彙，將時尚精品的形象與限量品的吸引力澈底發揮。

　　「限時概念商店」的類型有：單一品牌型態、單一品牌結合藝術家或跨界聯名、單一品牌結合零售通路，還有多品牌市集的模式等。原則上，限時概念商店的裝潢投資較低、店內及櫥窗設計變化性大、顏色多元，不受限原有服飾產品線的創意商品（例如：籃球、熱水瓶等）與體驗（例如：遊戲、打卡拍照）最受歡迎，一般當季品項也會銷售。為宣傳限時概念店，以記者會、開幕活動、貴賓酒會等配套活動創造話題。Dior曾在全球七個大城市，與當地最具特色或引領潮流的服飾零售通路商進行雙

品牌合作，包括北京的I.T、米蘭的10 Corso Como等。每一家店皆以白色牆面與陳列臺展示新品，各有特色品項，分別舉行開幕派對，邀請當地的媒體、客人、部落客參加。以米蘭為例，凸顯曲線、經典的Bar外套是概念店的焦點，全球最知名網紅Chiara Ferragni帶領觀眾進入Dior限時商店引爆話題。時尚品牌結合在地銷售通路以互補、互惠方式，在業績與形象上共創雙贏。

「Must see」與「Must have」的享樂與實用功能

2010年起，Chanel曾經上山下海、追隨高消費顧客的腳步與季節性的假期，開設「限時概念店」。在4月底到10月初南法高級度假勝地聖托貝茲（Saint-Tropez），Chanel將十九世紀的古老豪宅轉化為摩登多彩的展示空間，陳列最新度假服飾，華麗的庭園與泳池映照著南法的陽光，跳脫經典黑白精品店風格。冬季到來，限時概念商店搬上白雪皚皚的阿爾卑斯山的滑雪度假名勝地古雪維爾（Courchevel），室內裝潢簡約並分為粉紅、淺綠、灰色等區，從聖誕假期起為期四個半月，獨家滑雪商品與限量Boy Chanel包包都是喜歡運動的貴婦遊客必買品項。品牌掌握顧客的休閒生活型態（聖誕節、滑雪季，7、8月的度假期），如影隨形到達顧客的生活圈（臨時店地點），以別出心裁的商店風格、感官享受及特色商品，營造「必看、必買」的氣氛，是臨時店可以獲得佳績的關鍵。2019年全球首間透明菱格紋櫥窗的快閃店在臺北出現，設計靈感來自臺北街頭巷弄的窗櫺雕花鐵欄杆，實驗性的摩登空間讓

顧客距離感消失，有機會爭取更多年輕客人。

　　研究指出，快閃店可透過促進感官愉悅、認知挑戰和喚醒情緒的體驗及產品提供顧客「享樂功能」，同時，還有幫助人們實現外部目的的「實用功能」[*4]，例如：呈現社經地位會或專屬體驗，加值的經濟利益，以及在社交媒體上曝光「值得一提的時刻」。好比LV與日本前衛藝術家草間彌生的合作，一直都是時尚迷的追逐焦點，紅、黃、黑不同大小的圓點點在服飾與店內的裝置藝術上，鮮豔奪目，挑戰對經典LV圖騰的認知，這樣的限時臨時店在全球大都市輪流上演，顧客走進每家概念店，驚嘆於圓點的迷宮世界，跨界創意合作快閃店與限量銷售產品，吸引了不會出現在傳統LV店面的客層之注意與參與。

反思「限時概念商店」

　　隨著快閃店的普及，部分專業人士批評缺乏新意[*5]。但它依然是常用的推廣或開拓市場手法，因為能降低進入新市場的風險與適應期，以較少的租金與預算達到形象推廣與銷售目的，還能結合App線上活動與線下購物的新零售體驗……時尚品牌似乎從快閃實驗中，找到另一種說故事的方式。以旅程、戶外和露營為主題的Prada Escape快閃店，造訪紐約、邁阿密、東京、北京、首爾與臺北，將單次快閃活動轉換成企劃式的全球巡迴展店，搭配更加個人化體驗，讓品牌故事一波接一波在不同城市短暫出現，創造渴望又達成跨市場綜效。或許，pop-up仍是在不確定的經濟環境中保持競爭力與能見度的好方法。

---

*4 Chen, Wei-Chen, & Fiore, Ann Marie. (2017) *Factors affecting Taiwanese consumers' responses toward pop-up retail.* Asia Pacific Journal of Marketing and Logistics, 29 (2), 370~392.
*5 Pop-up power. (2018) *Strategic Direction,* 34 (10), 7~9.

Chanel × Colette快閃店。2011，巴黎。Colette時尚服飾及配飾
零售商現已停業。

27 時尚業的永續發展思考

少買、精選、讓其持久。

Vivienne Westwood品牌創始人｜Vivienne Westwood

根據Ellen MacArthur基金會2017年的報告指出，紡織行業每年造成的溫室氣體排放量約為十二億噸，超過了所有國際航班和海運排放溫室氣體的總和。未回收廢料每年導致的損失約為五千億美元，服裝行業每年向全球海洋排放了五十萬噸微纖維，相當於五百億個塑膠瓶。這些驚人、對環境的汙染的數據點醒消費者與製造商，要直接面對嚴峻的環保問題。

2019年8月，以Gucci母公司開雲集團為首，共有三十二家時尚大企業簽署《時尚業環境保護協議書》（以下簡稱《時尚協議》），《時尚公約》於七國（G7）高峰會時被提交給各國元首。該項公約是由法國總統馬克宏向開雲集團董事長兼首席執行官François-Henri Pinault提出發起，這個包含服裝公司、紡織產業（成衣時裝、運動、生活和奢侈品）、供應商和分銷商的全球聯盟，須致力三項承諾：於2050年前實踐淨零碳排放，終止全球暖化；恢復生物多樣性；以及保護海洋，以確保永續發展。以聯合國

永續發展目標（SDGs）來看，主要集中在——確保永續消費及生產模式（第12項目標）；採取緊急措施以因應氣候變遷及其影響（第13項目標）；保育及永續利用海洋與海洋資源（第14項目標）；保護、維護及促進陸域生態系統的永續使用，並遏止生物多樣性的喪失（第15項目標）。《時尚協議》可視為時裝紡織產業邁向轉型的第一步。

　　時裝產業一向較為保守、傳統，對於上、中、下游供應鏈的改革步調也是緩慢的。由於《時尚協議》的誕生，使得產業中的領導者們意識到時裝業導致汙染、溫室氣體排放的嚴重性，加上2020年Covid-19疫情肆虐，更深刻體會到環境與人類息息相關，人們渴望有更加環保與永續的生活。2020年10月，回顧《時尚協議》的第一年，在最終加入協議的62個成員中，代表了超過200個時尚品牌與三分之一的時尚產業，80%對生物多樣性做出承諾，40%承諾進行以科學為基礎的減碳等目標，每家公司都加快腳步在減塑的行動上。透過這個全球聯盟的夥伴關係，讓參與企業更有勇氣並願意共同合作達成前述三項承諾，同時透過專家的協助與系統架構，包含衡量聯盟影響力關鍵指標的數位系統，以科學為基礎、以SMART：具體（specific）、可測（measurable）、可實現（attainable）、相關性（relevant）、具有時效性（time-based）方式定義各項目標。

　　美國服裝公司PVH Corp（擁有Tommy Hilfiger、Calvin Klein等品牌）執行長Manny Chirico提出具體的目標與行動，例如到2030年，該公司將百分之百的電力來自可再生能源，包括在歐

洲的倉庫和物流中心已完成太陽能屋頂安裝。美國服裝品牌GAP執行長Sonia Syngal針對因應氣候變化的三個關注領域為：提高商店、辦公室和分銷網絡的效能；擴大對可再生能源的投資；並設定具企圖心、基於科學的目標。例如為了實現2020年減排目標，使用了EPA Energy Star平臺來分析商店績效的差異，在門市試行新的能源效率計畫等。Chanel全球服飾精品總裁Bruno Pavlovsky針對時裝業使用的原材料棉花之永續來源，舉出三項評估作法：勞動條件、耗水量與化學物使用。除了環境議題，諸如多元化、包容性、性別平等社會議題也是企業要關注的，這會影響公司的結構，作法上需要視各別國家的情況調整。時裝產業領導者極力呼籲跳脫過往競爭，在《時尚協議》的框架下，以不同的作為朝正向改變前進，也是企業生存的依歸。接著來看看兩個不同產業的案例。

環保倡議者Stella McCartney

2018年，環保倡議者、英國時裝設計師Stella McCartney參與《聯合國時尚產業憲章》（*United Nations fashion industry charter*）以應對氣候變化，她成立了一家專注於永續發展的公益平臺Stella McCartney Cares Green，鼓吹生態保育。McCartney在2020年的一場媒體對談中表示：「就個人而言，永續發展是一種心態……運用我們從地球得到的自然資源，謹慎使用，不要耗盡它們。」Stella McCartney公司的環保工作有60%以上是在原材料的溯源考察，並使用回收物料和永續發展面料以減少浪費，

也不使用動物皮革或皮草。例如，McCartney與一些精選的工廠合作，以環保的方式生產材料，好比以永續方式採購源自於樹木的黏膠纖維（也稱為人造絲），這些成衣黏膠纖維都來自瑞典經過永續管理和認證的森林，可清楚追溯供應鏈，確保森林不被破壞。作為素食品牌，McCartney也推廣素食皮革，也就是從不使用動物皮革、皮膚、毛皮或羽毛。品牌以再生聚酯代替巴西小牛皮，經環境損益（EP&L）計算後，可降低對環境的影響達24倍。

「愛你的衣服，讓它們使用壽命更長。」McCartney說。每當設計新品系列時，「永續」會放在設計之前，技術則是支撐這個信念的基礎。Stella McCartney的《生態影響報告》清楚說明了品牌自2001年開始，到2020年間的各項永續行動。例如2001年明訂素食奢華的品牌定位；2008年在主要時裝系列率先使用有機棉；2010年禁止在服裝系列中使用PVC（聚氯乙烯）；2012年首次使用生物醋酸鹽在眼鏡產品以及在鞋中使用一種可生物降解的橡膠；2015年推出非動物性毛皮（Fur-Free-Fur）；2017年共同主持Ellen MacArthur基金會的「新紡織品經濟」報告的發布，並致力於朝向循環商業模式邁進；2018年推出《聯合國氣候變化框架公約》與《氣候行動時尚產業憲章》；2019年向供應商介紹品牌的《負責任採購指南》，是迄今為止有關永續發展標準和政策最詳盡、全面的指南；2020年開發多方面的人權風險評估工具，以加強對整個供應鏈中之工作者的潛在威脅之了解。無論從原料、製造、產品、政策、人員等方面來看，Stella McCartney無疑是時裝產業中落實永續發展的先驅。

Sisley的永續發展

　　法國美容品牌Sisley長期以植物美容作為發展方向，從地球上四萬三千多種對人體肌膚具醫療效果的植物中，區分出四百種具美容功效者，再選取其中八十三種對肌膚最有效的植物美容成分。其中一款乳霜產品蘊含番紅花萃取活性成分，能舒緩乾燥肌膚，該成分是與法國利穆贊省的植物萃取專家及有機認證番紅花農場共同合作與研究的成果，其次，採用生態友善的環保種植番紅花，萃取物活性高。

　　2011年啟用的研究中心，和Saint-Ouen Alms營運中心獲得法國最佳化流程HQE®雙認證，包括辦公室和物流倉庫，均獲得環保認證。在資源和能源方面減少能量消耗，例如：隔熱外牆、雙向通風、冷暖氣和通風調度、遮陽篷；減少用水量（雨水管理可供給灌溉用水）；最佳化照明需求（低功耗照明、運動偵測等）；垃圾分類和回收。建築與景觀部分則種植超過兩千棵樹木、建置數個生態屋頂。Saint-Ouen Alms中心的屋頂設有羅亞爾河（Loire）北部地區最大的太陽能源站，橫跨倉庫屋頂，面積達三萬六千平方公尺，連接到法國的公用電力公司網絡，並提供完整的瀝青防水系統，整合太陽能電池。該中心的能量輸出為一年七百二十六兆瓦，足以100%供給辦公室用電，每年節約四十四噸二氧化碳排放量。這些都是Sisley確保自然和環境系統的永續性採取的具體行動。

永續時尚的多元嘗試

　　美國康乃爾大學學者Tasha L. Lewis與Suzanne Loker認為「永續時尚」的最終目標是為產品實現永續的、「從搖籃到搖籃」的生命週期，即使服裝的生命週期結束時，也可透過創新再利用及減廢和管理來縮減對地球及人類的破壞[1]。時尚業朝向永續發展已是趨勢，永續發展是一項集體行動，集結廠商、供應商、消費者、政府的共同參與，打破線性式的「取用－製造－處置」經濟模式，改以循環經濟思考。消費者需要了解纖維回收、服裝／紡織廢物升級再造（upcycling）是可以透過重新設計、調整用途來達成的。例如Miu Miu在2020年推出升級再造膠囊系列，從全球古董服裝商店和市場中採購復古單品，對80套服裝進行重新設計（例如：手工刺繡、裝飾），重新賦予舊衣新生命。香港設計師Toby　Crispy與黃琪變身時裝醫生，設立「時裝診所」（Fashion Clinic）致力於舊衣重生的推動。2021年3月，臺北時裝週則特別策劃永續時尚秀，透過JUST IN XX、oqLiq、#DAMUR、織本主義等六個設計師品牌，將再設計（redesign）、再製造（remake）、再利用（reuse）的方法為二手衣、庫存布與瑕疵布、廢棄物重新注入價值，同時也採納環保材質面料，例如牡蠣殼環保布料、環保素皮革等。

　　時裝和環保議題間的拉鋸反映人們的生活態度，消費者或使用人有責任調整對衣物的購買、使用、保存，時裝產業有責任落實環保、永續發展的行動，也是企業與品牌基業長青之道。

---

[1] Lewis, Tasha L., and Suzanne Loker（2019）*Industry Leadership Toward Sustainable FashionThrough User Consumer Engagement*：*North America*. Global Perspectives on Sustainable

線上資源

Website

官網

Style Marketing風格行銷 | istylemarketing.com
Saut Hermès | www.sauthermes.com
Panerai | www.panerai.com
La Fondation Louis Vuitton | www.fondationlouisvuitton.fr
Louis Vitton臺灣 | tw.louisvuitton.com
Fondazione Prada | www.fondazioneprada.org
Fendi Casa | www.fendi.com/us/info/fendi-roma/casa
Armani Casa | www.armani.com/casa
K11 | www.k11musea.com
Le Bon Marché | www.24s.com/en-us/le-bon-marche
美國時裝設計師協會（CFDA） | cfda.com
紐約時裝週（IMG） | nyfw.com
倫敦時裝週（BFC） | www.britishfashioncouncil.co.uk
米蘭時裝週 | www.cameramoda.it
巴黎時裝週 | fhcm.paris
東京時裝週 | rakutenfashionweektokyo.com
首爾時裝週 | www.seoulfashionweek.org
上海時裝週 | www.shanghaifashionweek.com

展覽、商品介紹

Salvatore Ferragamo博物館 | www.ferragamo.com/museo
YSL博物館 | museeyslparis.com
聖羅蘭基金會展覽訊息 | museeyslparis.com/en/exhibitions-foundation
大都會藝術博物館服裝學院（The Costume Institute, The Metropolitan
Museum of Art） | www.metmuseum.org/about-the-met/curatorial-departments/
the-costume-institute
柏金包（The Birkin） | www.hermes.com/us/en/story/106191-birkin

企劃、組織

Inside Chanel | inside.chanel.com
聯合國17項永續發展目標（SDGs） | www.un.org/sustainabledevelopment/
sustainable-development-goals
Gucci平衡計畫 （Gucci Equilibrium） | equilibrium.gucci.com
Digital Marketing Association | www.dmaglobal.com
美國行銷協會數位行銷認證 | www.ama.org/digital-marketing-certification
國際危機管理協會 | www.icma.org.uk
公共風險管理協會 | primacentral.org
美國市場行銷協會 | www.ama.org
Style Coaches（IASC） | stylecoachingassociation.com
State University of New York | www.fitnyc.edu/ccps/courses/noncredit/image-
consulting

平臺、數據

Influencer Marketing Hub | influencermarketinghub.com
KEYPO大數據關鍵引擎 | keypo.tw

文獻

《2015年英國時尚產業的經濟價值》報告 | www.britishfashioncouncil.co.uk/
uploads/files/1/J2089%20Economic%20Value%20Report_V04.pdf

延伸閱讀

Book and Video

書籍

《品牌概念店：全球頂尖時尚空間風格巡禮》（*Concept Store*）作者：Olivier Gerval, Emilie Kremer, 2012，一起來出版

《百年時尚：解讀50個奢華品牌的發展歷程、極致工藝與設計核心》（*Luxe Fashion: A tribute to the world's most enduring labels*）作者：Caroline Cox, 2015，麥浩斯

《策略品牌管理》（五版）（*Keller / Strategic Brand Management*）作者：Kevin Lane Keller, 2020，華泰文化

《我沒時間討厭你：香奈兒的孤傲與顛世》（*L'allure de Chanel*）作者：Paul Morand, 2010，麥田

《時尚的誕生：透過26篇傳記漫畫閱讀，進入傳世經典與偉大設計師的一切！》（*Viva! Fashion Designer*）作者：姜旻枝，2012，大田

《時尚經典的誕生：18位名人，18則傳奇，18個影響全球的時尚指標》（아이콘의 탄생）作者：姜旻枝，2015，大田

《LV時尚王國》作者：長澤伸也，2004，商周出版

《奢侈品策略：讓你的品牌，成為所有人奢求的夢想》（*The Luxury Strategy: Break the Rules of Marketing to Build Luxury Brands*）作者：Vincent Bastien, Jean-Noel Kapferer, 2014，商周出版

《時尚大師的手繪時尚》（*Bloc-Mode*）作者：Frédérique Mory, 2016，原點

《Christian Dior：他改變了時尚，也改變了世界》（*Dior by Dior*）作者：Christian Dior, 2016，五南

《agnes b. SPECIAL BOOK》作者：時報出版，2020，時報出版

《Tory Burch: In Color》作者：Tory Burch, 2014, Harry N. Abrams

《時尚學：時尚研究入門書》（*Fashion-ology*）作者：川村由仁夜，2009，立緒

《大亨小傳（出版90週年經典重譯紀念版）》（*The Great Gatsby*）作者：F. Scott Fitzgerald, 2015，漫遊者文化

《瘋狂亞洲富豪》（*Crazy Rich Asians*）作者：Kevin Kwan, 2018，高寶

《網紅這樣當：從社群經營到議價簽約、爆紅撇步、業配攻略、合作眉角全解析》（*Influencer: Building Your Personal Brand in the Age of Social Media*）作者：Brittany Hennessy, 2018, 寶鼎

《行銷4.0：新虛實融合時代贏得顧客的全思維》（*Marketing 4.0: Moving from Traditional to Digital*）作者：Philip Kotler, Hermawan Kartajaya, Iwan Setiawan, 2017，天下雜誌

《好LOGO，如何想？如何做？：品牌的設計必修課！做出讓人一眼愛上、再看記住的好品牌+好識別》（*Logo Design Love*）作者：David Airey, 2015，原點

《川久保玲：邊界之間的藝術》（*Rei Kawakubo/Comme des Garçons: Art of the In-Between*）作者：Andrew Bolton, 2019，重慶大學出版社

《大數據預測行銷：翻轉品牌×會員經營×精準行銷》作者：高端訓，2019，時報出版

《Ongoing Crisis Communication: Planning, Managing, and Responding》作者：W. Timothy Coombs, 2014, SAGE Publications

《Winning the Zero Moment of Truth》作者：Author & Chief ZMOT Evangelist Jim Lecinski, 2011, Vook Inc.

《Windows at Bergdorf Goodman》作者：David Hoey, Linda Fargo, 2012, Assouline; Limited

《Fashion Buying and Merchandising: The Fashion Buyer in a Digital Society》作者：Rosy Boardman, Rachel Parker-Strak, Claudia E. Henninger, 2020, Routledge

《購物革命：品牌×價格×體驗×無阻力，卡恩零售象限掌握競爭優勢，贏得顧客青睞！》（*The Shopping Revolution: How Successful Retailers Win Customers in an Era of Endless Disruption*）作者：Barbara E. Kahn, 2020，寶鼎

DVD

《時尚教主—黛安娜佛里蘭》（*Diana Vreeland:The Eye Has to Travel*）發行：臺聖，2013

《Inspired遇見藝術大師系列 4：在馬拉喀什遇見聖羅蘭》（*Yves Saint Laurent | MARRAKECH*）發行：天馬行空，2020

《時尚惡魔的聖經》（*The September Issue*）發行：迪昇數位影視，2009

向時尚品牌學風格行銷

風格決定你是誰——不出賣靈魂的27堂品牌行銷課

作　　　者	吳世家
文稿校對	陳子文

總　編　輯	王秀婷
責任編輯	李　華
版　　　權	徐昉驊
行銷業務	黃明雪、林佳穎

發　行　人	涂玉雲
出　　　版	積木文化
	104臺北市民生東路二段141號5樓
	電話：(02) 2500-7696｜傳真：(02) 2500-1953
	官方部落格：www.cubepress.com.tw
	讀者服務信箱：service_cube@hmg.com.tw
發　　　行	英屬蓋曼群島商家庭傳媒股份有限公司城邦分公司
	臺北市民生東路二段141號2樓
	讀者服務專線：(02)25007718-9｜24小時傳真專線：(02)25001990-1
	服務時間：週一至週五09:30-12:00、13:30-17:00
	郵撥：19863813｜戶名：書虫股份有限公司
	網站：城邦讀書花園｜網址：www.cite.com.tw
香港發行所	城邦（香港）出版集團有限公司
	香港灣仔駱克道193號東超商業中心1樓
	電話：+852-25086231｜傳真：+852-25789337
	電子信箱：hkcite@biznetvigator.com
馬新發行所	城邦（馬新）出版集團 Cite（M）Sdn Bhd
	41, Jalan Radin Anum, Bandar Baru Sri Petaling, 57000 Kuala Lumpur, Malaysia.
	電話：(603) 90578822｜傳真：(603) 90576622
	電子信箱：cite@cite.com.my

封面設計	葉若蒂
製版印刷	上晴彩色印刷製版有限公司

城邦讀書花園
www.cite.com.tw

2021年 3 月 25 日　初版一刷
2022年 3 月 14 日　初版二刷
售　　價／NT$ 480
ISBN　978-986-459-269-2（紙本／電子版）
Printed in Taiwan. 有著作權‧侵害必究

國家圖書館出版品預行編目資料

向時尚品牌學風格行銷：風格決定你是誰：不出賣靈魂的27堂品牌行
銷課 = Style marketing 27/吳世家著. -- 初版. -- 臺北市：積木文化出
版：英屬蓋曼群島商家庭傳媒股份有限公司城邦分公司發行, 2021.03
　面；　公分
　ISBN 978-986-459-269-2(平裝)

1.品牌行銷 2.行銷學 3.時尚

496　　　　　　　　　　　　　　　　　110001390